全球治理的中国方案

世界能源安全 的 中国方案

刘　强◎著

五洲传播出版社

图书在版编目（CIP）数据

世界能源安全的中国方案 / 刘强著 . -- 北京：五洲
传播出版社 , 2019.7
（全球治理的中国方案）
ISBN 978-7-5085-4229-4

Ⅰ . ①世… Ⅱ . ①刘… Ⅲ . ①能源 – 国家安全 – 研究
– 中国 Ⅳ . ① TK01

中国版本图书馆 CIP 数据核字（2019）第 144007 号

"全球治理的中国方案"丛书

出 版 人：荆孝敏

世界能源安全的中国方案

著　　者：刘　强
责任编辑：苏　谦
助理编辑：秦慧敏
装帧设计：澜天文化

出版发行：五洲传播出版社
地　　址：北京市海淀区北三环中路 31 号生产力大楼 B 座 7 层
邮　　编：100088
发行电话：010-82005927，82007837
网　　址：http://www.cicc.org.cn　http://www.thatsbooks.com
承 印 者：中煤（北京）印务有限公司
版　　次：2020 年 10 月第 1 版第 1 次印刷
开　　本：787mm × 1092mm 1/16
印　　张：15
字　　数：200 千字
定　　价：68.00 元

前言

前言①

21世纪第二个十年已经进入了尾声。近十年来，全球经济格局、政治格局都发生了巨大的变化。地缘政治上，中东的多方角力正在进行而且日益深化，"伊斯兰国"（ISIS）虽已被打败，但叙利亚冲突仍未有解决的希望；乌克兰危机暴露出再次引发欧洲新一次战争的危险。经济上，2010年，中国超过日本成为全球第二大经济体，并继续以中高速向前发展。经济、政治之外，为世界带来重大变化的推动因素是技术进步。洞察号新机器人（InSight）登陆火星，嫦娥四号登上月球背面，5G网络已经蓄势待发，基因工程突破生命研究的伦理底线，这一切表明，世界面临的变化正在加速，技术进步将把我们带入一个全新的、充满不确定性的新时代。

在政治、经济、科技变化的引领下，全球能源市场也经历了巨大的变化，全球能源新格局正在形成。能源转型与应对全球气候变化成为过去十年世界能源市场的主要标志，但其实质内容更为丰富。

油气方面，美国页岩油气革命使其时隔多年之后，再次成为世界最大的石油生产国和净出口国，西半球由此实现了能源独立；俄罗斯在制裁之下油气投资、生产和出口能力受到了抑制；伊朗在制裁之下，出口前景面临更大的问题；东非地区成为新的油气生产增长点。煤炭方面，中国煤炭生产峰值已经到来，并在2008年之后成为煤炭净进口国。核能方面，2011年日本大地震之后，全球多数国家迈出了弃核的步伐。可再

---

① 此前言主体曾发表于2019年1月15日《中国石油报》，题为《全球能源安全新格局》。

生能源方面，随着其成本大幅度降低，未来在能源组合中的比重有望大幅提高。电动汽车的发展，引起了交通领域的变革，并可能逆转百年来石油与煤电的比例关系；氢能技术开始发力，似乎已进入产业化的前夜。

一、美国页岩油气革命激发全球油气格局重构

2008 年左右，美国页岩油气革命取得重大突破，美油气产量开始快速增长，其能源独立目标实现。2009 年之后，美国再次成为世界头号天然气生产大国；2014 年之后，美国石油产量再次排名世界第一。美国页岩油气革命极大改变了全球油气生产和贸易流动格局，产生了重要的地缘政治和经济影响。特朗普政府成立后，以能源产业为支柱的美国复兴战略使得低油价背景下的"页岩繁荣"得以延续。

美国能源信息署（EIA）预计，未来 10 年，美国致密油产量将超过 600 万桶 / 天的水平；到 2035 年，将会达到 1100 万桶 / 天，约占美国原油总产量的 66%。原油产量快速增长改变了美国对进口原油的依存，进口依存度从 2008 年的 65.5% 迅速下降到 2016 年的 37.0%。同时，美国的石油出口呈现快速增长态势，2012 年以来，出口年均增长率达到 21%。

美国天然气产量快速增长，于 2009 年超过俄罗斯，成为全球最大的天然气生产国，目前占全球总产量的 21.1%。EIA 预计，到 2035 年之前，美国页岩气产量将占美国天然气总产量的 3/4，占全球页岩气供应的 2/3。

美国页岩油气革命对全球油气供需格局产生了重要影响。全球石油天然气贸易格局已经从之前的波斯湾主导的波斯湾—地中海—大西洋和波斯湾—马六甲—西太平洋两轴体系，演变为波斯湾—俄罗斯—欧洲、北美—南美、波斯湾—东亚—俄罗斯三区域体系。未来随着美国向东亚地区加大出口，世界石油贸易格局将形成两大市场，即大西洋市场，由

中东、俄罗斯、尼日利亚、南北美洲和欧洲共同构成；太平洋印度洋市场，由波斯湾、东非、东亚和东南亚、北美西海岸共同构成。

美国页岩油气革命不但改变了全球区域市场格局，而且打破了管道天然气出口与液化天然气（LNG）出口之间的平衡。产能扩张降低了LNG的成本，美国LNG出口会大幅增加全球天然气的流动性，改变LNG的国际贸易流向，削弱常规天然气供应国的优势。同时，原本面向美国市场的中东LNG开始流向欧洲和亚太市场，俄罗斯天然气出口能力和市场被大幅挤压。美国天然气出口目的地呈多元化态势，包括欧洲、亚洲、美洲等主要消费市场。欧洲多进口美国LNG，尽管并不会使欧盟彻底摆脱对俄罗斯的依赖，但必定会挤压俄罗斯在欧洲的市场份额。

美国页岩油气革命将会冲击欧、亚两大天然气市场，改变传统上与高油价相联系的天然气定价机制。可以预期，未来天然气市场将更多地参考美国气价，最终形成全球一体化的天然气市场，从而减轻欧亚天然气市场的价格压力。

页岩油气革命从总体上打破了之前对于石油峰值的担心，在这一大的心理预期变化之下，石油价格的恐慌性上涨很少发生。2014年，石油价格从90多美元一桶一路下跌，最低跌至27美元。2018年的回升，最终也以再次回落结束。这背后的机制，其实是高价石油时代的终结，尽管其波动仍然会很剧烈。石油输出国组织（OPEC，音译"欧佩克"）国家与俄罗斯这样的传统产油国，今后将面临两个选择：要么实现经济转型，从依靠石油出口维持国内福利转向经济多元化；要么将面临越来越严重的经济危机和社会危机。

美国LNG出口能力的发展，也给卡塔尔、俄罗斯组建世界天然气卡特尔的想法浇了冷水。然而，由于消费市场的分散和各国之间利益的不一致，天然油气消费国比如中国、日本、韩国、印度等之间的协调也非易事。

美国页岩油气革命使天然气供给能力大幅度增长，为全球能源转型提供了机会。天然气发电比煤电更为环保，也能够为可再生能源电力的大规模消纳提供支撑。此外，天然气也可以成为氢能发展的重要原料。

二、新兴市场国家与发展中国家成为全球能源消费的主要增长动力

经济合作发展组织（OECD）国家的能源消费基本上已经达到峰值，而非经合组织国家的能源消费在世界能源消费中的比重日渐扩大。世界能源消费的重心已经从日本—北美—欧洲转向从中国、印度一直到西亚和非洲的广大新兴市场和发展中国家。据英国石油公司（BP）统计，OECD国家的能源消费在2007年达到56.94亿吨标准油，此后一直没有再突破这一峰值（2017年为56.07亿吨标准油）。2017年，OECD国家占世界能源消费的比重为41.5%，而非OECD国家的比重为58.5%，亚太地区所占比例为42.5%，其中中国的比例为23.2%，印度的比例为5.6%，中东国家的比例为6.6%，非洲的比例为3.3%。石油消费中，亚太地区占世界的比例为35.6%，其中中国的比例为13.2%，印度为4.8%，中东地区为9.1%，非洲为4.2%。天然气消费中，亚太占世界的比例为21.0%，其中中国的比例为6.6%，印度为1.5%，中东为14.6%，非洲为3.9%。

这一格局变化表明，OECD国家的经济增长已经与能源投入脱钩，即使经济进一步发展，能源消费并不会同步增长，变化的只是能源结构的调整，比如更多的天然气与可再生能源。然而，新兴市场国家与发展中国家的经济增长与能源投入有着几乎是同步的关系，这是被严格的实证研究所证实的。在经济增长之外，这些非OECD国家的能源消费与其人口同步增长。除中国外，非OECD国家的人口都在快速增长。比如，

印度即将超过中国成为第一人口大国，中东、北非的穆斯林国家以及撒哈拉以南非洲的人口，都随着经济发展、医疗卫生条件和社会保障的改善而出现了近乎井喷式的增长。

在这种趋势下，未来将会出现的一个重大变化是，西非、北非和撒哈拉以南非洲地区的油气生产，将会有越来越大的部分用于本国和本地区消费。除北美地区外，其他地区的能源进口形势都会出现重大变化。因此，需要对未来能源安全形势进行远期评估，确保能源供给安全。

三、能源转型持续，能源供给日益多元化

在应对全球气候变化和保护环境的旗帜下，各国都在推动能源转型。中国和欧洲把能源转型的主要方向定为可再生能源和电动汽车。日本和美国近年来开始大量投资进行氢能的研发。在核电领域，受日本 2011 年福岛核事故的影响，世界各国普遍弃核，尤以德国最为突出。总体来说，世界能源转型有以下几个方向。

电能替代。在多种能源形式中，用电还是用其他物质形态的能源一直是一个竞争关系。比如在冬季供暖、厨房和交通领域，在经济较发达国家，是电能和其他能源形式的竞争；而在一些欠发达国家和地区，则是电能对传统生物质能源的替代，或者说是电力可及性问题。随着电力清洁化、可再生能源电力规模化并网和分布式电力的发展，电能将在今后的能源结构中占有越来越重要的地位。

在电力生产结构中，以煤电、核电和传统水电为骨架的传统电力系统，将在各种新技术的支撑下，向天然气支撑的综合电力系统转型。这一综合电力系统，将包括煤电、水电、核电、天然气发电和各种可再生能源电力，并与各种分布式能源如屋顶光伏在智能电网的支持下实现无缝连接。

智能电网、可再生能源电力与分布式电力。可再生能源作为一种更加清洁的能源，在能源供应多元化发展中尤其是发电领域扮演着愈来愈重要的角色。根据英国石油公司统计，2017年水电之外的可再生能源在总能源消费中的比重，世界平均水平为3.6%，而欧盟达到了9.0%，美国为4.2%，中国为3.4%。比例最高的国家基本上都在欧洲，其中葡萄牙最高，为14.2%，德国和芬兰次之，为13.4%，瑞典12.4%，西班牙11.3%，英国11.0%。这表明，即使在经济总量巨大的国家如德国，可再生能源也可以发挥重要的作用。而实现可再生能源电力大规模消纳的关键在于智能电网。此外，分布式电力系统也可以作为有效的补充。国际能源署曾作过一个乐观的预测，认为到2035年，可再生能源发电（包括水力）将占到全球发电量的31%，成为电力供应最主要的来源。

电动汽车与氢能汽车的发展将促进能源生产本地化。长期以来，化石能源尤其是石油和天然气在世界上分布不均匀，导致了资源富集国家在国际上的实际霸权。近年来，电动汽车与氢能汽车发展出现了新的进展。由于电力和氢能的生产都可以本地化，并不依赖于必须进口的能源，这两者的发展将大大降低石油和天然气在市场上的垄断地位，有利于能源尤其是油气的价格向商品属性回归。随着市场规模扩大，其所需的基础设施建设将带来新的投资机会，其产业化发展将带来能源基础设施改造的巨大投资空间。

能源关键材料将成为未来能源安全的重要因素。新型能源技术产生了新的材料需求，主要用于生产氢能催化剂、新型电池材料、光电材料和储能设备等，包括钴、锂和多种稀土材料。与石油、天然气类似，这些材料在世界上的分布也是不均匀的。根据英国石油公司统计数据，2017年底钴的储量，刚果民主共和国占了全球的49.3%，第二名是澳大利亚，占世界储量的16.9%；锂储量，智利占世界的46.9%，中国占

20.0%，澳大利亚占 16.9%，阿根廷占 12.5%；稀土储量，中国最多，占世界的 36.7%，巴西第二，占 18.3%，俄罗斯第三，占 15.0%。能源材料未来将成为新的战略性资源。

四、"一带一路"推动亚欧非能源市场融合

全球能源格局的变化，使得"一带一路"建设有了更大的必要性，也更有可能依托"一带一路"建设形成一个更加融合的亚欧非能源市场。这是因为，美国和西半球能源独立后，亚欧能源市场的紧密度变得更高；由于乌克兰危机，俄欧能源合作的前景日益蒙上阴影，因此俄罗斯油气出口更为东向；而以沙特为首的中东产油国和以卡塔尔、俄罗斯、澳大利亚为主的天然气生产国，则更加需要中国这一大市场。因此，从太平洋西岸的中国到大西洋东岸的欧洲和北非的能源市场，比以往任何时候的联系都要紧密。

在"一带一路"倡议和全球能源互联网倡议之下，亚欧非能源市场可以有两方面的合作与融合。

第一，通过能源基础设施互联互通，改善区域内整体和各自国家的能源安全与能源可及性。例如，通过"一带一路"倡议建设的六大经济走廊，加强东北亚地区包括中国、俄罗斯、蒙古、朝鲜、韩国之间的电力传输互联和油气管道互联；通过中亚—中国油气管道、世界银行支持的 TAPI 管线和 CASA1000 项目，加强中国与中亚、西亚之间的能源联通；通过电力传输网络建设，加强中国与东南亚的电力联通；通过巴库—第比利斯—杰伊汉管道和设计中的以色列、塞浦路斯、希腊电力传输线路，加强西亚与东南欧洲之间的能源互联。

第二，在东南亚和东亚建立一个石油天然气交易中心，加强欧亚和

亚太地区的能源市场建设，减少甚至消除油气领域的东亚溢价。在中国、印度经济快速发展的带动下，亚洲已经成为世界最重要的石油天然气市场，具备了建设具有定价权的交易中心的基本条件。

应该看到，"一带一路"建设框架下的能源合作，既面临重大的发展机遇，也存在地缘政治与安全、财务等方面的风险。未来应该在把控综合风险的基础上，抓住机遇，推动亚欧非能源市场的进一步融合。

五、总结

世界能源市场正处于新变局的窗口。随着油气生产出现双中心和油气消费中心东移，全球能源安全格局产生了重大变化。同时，可再生能源成本下降与智能电网的发展，带来了能源生产的本地化与区域化；氢能技术发展与未来的产业化，将可能产生更大的格局变化，也将使能源材料成为新的战略资源，并产生新的能源地缘政治地图。

在这种形势下，各国应通过生产革命、消费革命、技术革命、体制革命，加快推动能源转型，推动亚欧非能源市场的进一步融合，改善自身的能源安全，同时规避可能存在的风险。

在经济全球化的背景下，能源安全不再是单个国家的问题，而是通过全球市场连接变成一个相互关联的世界性问题。可以说，能源市场是全球化程度最高的产品市场。因此，作为世界最大的能源生产和消费国、最大的电力生产和消费国、最大的煤炭生产和消费国、最大的石油进口国，中国的能源政策与针对能源安全所采取的措施，无疑具有世界性的意义，将对世界能源市场和全球能源安全起到重要的作用。同时，中国为改善能源安全和实现能源清洁化所采取的政策与努力，也为世界能源安全和应对气候变化作出了重要贡献，为世界能源安全提供了中国方案。

第一章

世界能源安全：概念与实践

现代能源体系与现代经济体系相伴而生。现代工业体系完全建立在能源系统基础之上，因此，确保能源的供应是各国经济维持运转的首要条件。17 世纪末蒸汽机的出现，得力于煤炭作为化石能源的利用。19 世纪 60 年代，伴随着美国宾夕法尼亚油田和俄罗斯巴库油田的投产，世界开始进入石油能源时代，世界经济的运转和人口的流动大大加快。19 世纪 80 年代，现代电力供应体系出现，世界经济彻底能源化。

在经济全球化大背景下，能源安全已经超越国界成为全球性的问题，并且通过各经济体之间的相互联系，成为牵一发而动全身的全球治理问题。本章将对能源安全问题的定义与由来、世界主要经济体对能源安全议题的不同关切、中国对于全球能源安全的意义和中国提供的世界能源安全解决方案的意义进行分析。

第一节
能源安全：定义与主要关切

在工业革命之后的经济中，无论是工业、农业、服务业的运转，还是居民的生活活动，都已经高度依赖能源体系提供的能量，并发展成了一个相互依存的复杂体系。没有能源体系的支撑，现代经济体系就无法有效运转。能源体系的任何供给中断甚至是潜在的中断风险，都会形成对经济体系的巨大冲击。对能源供给中断风险的关切，成为能源安全问题的由来。

由于世界能源资源禀赋与工业生产能力分布的不均衡，现代能源体系高度依赖国际贸易，使得它成为世界上全球化程度最高的产业。绝大多数国家都存在能源贸易，或者为出口国，或者为进口国。贸易品种涉及石油及成品油、天然气、煤炭及焦炭、铀矿、电力、非常规能源如乙醇燃料等众多产品。

由于能源系统的复杂性，供给中断风险可以来自多个方面，包括资源保障能力不足、自然灾害、由战争或制裁行为导致的贸易中断、人为攻击、技术性生产事故等。

能源系统服务于现代社会的经济与生活需求，因此，能源安全需要考虑经济成本与环境影响因素，要在供给安全与经济成本、环境影响之间实现平衡，而不是不计成本、不计代价地保障能源供给。

一、定义

能源安全的定义有多种。经济合作发展组织（OECD）和国际能源署（IEA）对能源安全的定义是："以支付得起的价格不中断地获得能源资源的能力"。

美国自 1973 年欧佩克石油禁运初期宣布"独立计划"以来，能源安全一直是其每一位总统的主要政策议程项目[1]。然而，美国政治家和经济学家的看法不尽相同。

2001 年美国小布什总统时期出台的《国家能源政策》（National Energy Policy）把能源安全定义为可靠的、支付得起的、环境友好（reliable, affordable and environment sound）的能源供应。美国国会预算办公室（2012）将能源安全定义为"家庭和企业适应能源市场供应中断的能力"。这一定义强调了获得能源与家庭和商业活动之间的关系，不涉及美国政府应对能源供应中断的能力。决策者的一个主要关切是是否有足够的燃料供应来完成军事任务和应对可能的外国威胁。美国著名能源经济学家耶今（Yergin，2006）对能源安全的定义是"以负担得起的价格提供充足的（能源）供应"。

中国对能源安全的定义未见于官方文件，但是在能源政策中有清晰

---

[1] 1973 年 11 月 7 日，尼克松总统在向全国发表的广播讲话中说："让我们本着阿波罗的精神，本着曼哈顿计划的决心，设定我们国家的目标，到本十年结束时，我们将自力更生，实现不依赖任何外来能源就能满足我们的需求。让我们保证，到 1980 年，在独立计划下，我们将能够从美国自己的能源资源中满足美国的能源需求。"

的描述：

"中国能源发展坚持立足国内的基本方针和对外开放的基本国策，以国内能源的稳定增长，保证能源的稳定供应，促进世界能源的共同发展。中国能源的发展将给世界各国带来更多的发展机遇，将给国际市场带来广阔的发展空间，将为世界能源安全与稳定作出积极的贡献。

中国能源战略的基本内容是：坚持节约优先、立足国内、多元发展、依靠科技、保护环境、加强国际互利合作，努力构筑稳定、经济、清洁、安全的能源供应体系，以能源的可持续发展支持经济社会的可持续发展。"①

从这一表述可以看出，中国能源安全政策表现为三点：第一，以国内资源为主体，实现国内能源资源和能源生产体系对能源需求的基础保障作用；第二，利用国际市场和国际资源，作为国内资源和供应体系的有效补充；第三，积极参与国际能源安全治理体系的建设。

欧盟委员会在 2014 年 5 月发布的《能源安全战略》（Energy Security Strategy）中，把欧盟的能源安全战略目标设定为确保对欧盟居民和经济稳定而充裕的能源供给②。

俄罗斯的能源安全定义体现在其 2003 年发布的《俄罗斯联邦能源战略》（Energy Strategy of Russian Federation）决定文件之中："能源安全是国家提供的一个保护，其公民、社会、国家和经济能够拥有安全的燃料和能源供应。"俄罗斯政府文件中也有另外一个定义："能源安全是对人口和经济全面而有保障的能源资源供应，并且价格可以接受，同时又能激励能源节约、使风险最小化和消除对国家能源供应的威胁。"

---

① 国务院新闻办公室：《中国的能源状况与政策》，2007 年 12 月。

② EU, Energy security strategy, https://ec.europa.eu/energy/en/topics/energy-strategy-and-energy-union/energy-security-strategy.

根据其能源战略，俄罗斯能源安全的基本要素有以下几点：能源部门满足国内和国际对购买得起的必要质量的能源资源需求的能力；消费者有效使用能源资源、防止社会对能源供给的不必要支出并产生能源账户逆差的能力；能源部门在面对国内外经济、技术和自然威胁时保持稳定性和最小化各种不稳定因素造成的损失的能力。

再来看印度。印度能源安全 2047 前景的指导原则，是从当前到 2047 年之间降低对进口能源的依赖度。

最后看巴西。以相对低成本为国内提供能源供应保障（Garantia de Abastecimento）仍然是巴西政府能源战略的首要目标。能源安全或能源供应保证最好来自国内供给能力（以降低国际供应短缺的影响），一直是巴西政府的长期目标。其在 1970 年石油危机之后成功启动的国家乙醇燃料计划（Proalcohol），就是通过政府行动加强国内能源供应的例子。

二、能源安全的主要内容

某种程度上，能源安全是一个有点模糊的概念，它的外延时大时小。具体来说，能源安全有不同的尺度。其中，长期能源安全主要关注能源的持续投资以保障民生与经济发展的问题；短期能源安全主要关注能源系统快速应对供给需求突然变化的能力。

狭义上来说，能源安全主要是应对供给中断风险的供给保障，既包括地缘冲突导致的供给中断风险，也包括资源枯竭、重大气候灾害和生产事故带来的供给中断风险，从而为经济、民生、战略安全和国家发展提供不间断的能源供应。

广义上的能源安全，在应对供给中断风险带来的挑战之外，还要关注经济性与环境影响。一方面，能源作为国民经济的基础性投入品，它的成本将进入所有产品、服务的成本与价格之中，不仅影响国内商品与服务的价格和消费者的福利，还会在国际贸易中影响本国出口商品与服务的竞争力。另一方面，能源从资源开发、生产、输送到最终消费利用的每一个环节，都会对环境产生影响，这些影响既包括土壤、水、大气污染等常规环境影响，也包括温室气体排放可能引起的全球气候变化。因此，如何保障在能源的全生命周期内不对环境产生过度的负面影响，保障所有居民的生态环境与生存安全，成为一个非常重要的问题。

在界定和衡量能源安全方面还有许多其他方法。例如，索瓦库尔（Sovacool，2011）定义了具有 200 个属性的 20 个维度上的指标体系。在随后的工作中，索瓦库尔和穆克吉（Sovacool & Mukherjee，2011）将维度减少到 5 个，指标数量减少到 20 个。索瓦库尔（2013）将该指数应用于一组国家，并发现日本在他所研究的 18 个国家中拥有最高的能源安全指数。然而，福岛核事故（2011）对日本能源系统和经济的影响，表明要构建合理的能源安全指标并非易事。

在现实政策中，能源安全议题总体包括三个方面：供应保障、经济成本、能源体系的环境影响。

（一）资源保障与供给安全

在现实中，能源安全议题经常与一些国家的安全焦虑相关，或者说与其对自己在国际地缘政治体系中的安全认知有关。这突出表现在一些国家对能源尤其是石油、天然气进口依存度过度焦虑，经常把进口依存度提高与能源不安全或明或暗地画等号。

如果按照这样的标准，日本、韩国、新加坡这些几乎 100% 依赖进口石油的国家就是能源供应最不安全的了。但是实际上，在一些学者的研究成果中，日本曾拥有最高的能源安全指标，尽管 2011 年的福岛核事故打破了这样的结论。

世界已知的石油储量（1.2万亿桶）集中分布在动荡地区，最大的石油公司也是如此。沙特阿拉伯石油公司、伊朗国家石油公司和卡塔尔石油公司这三家最大的石油公司拥有的原油，比接下来的40家最大的石油公司加起来的还要多。12家最大的石油公司控制着全球大约80%的石油储量，而且都是国有企业。

因此，尽管表面上石油和天然气在类似自由市场的情况下进行国际贸易，但实际上大多数供应都由少数政府主导的主要石油公司控制。其他常规能源资源，包括煤炭、天然气和铀的分布也同样不均衡。世界上80%的石油位于人口只占世界5%的9个国家，世界上80%的天然气集中在13个国家，世界上80%的煤炭集中在6个国家，世界80%以上铀资源集中在6个国家（Brown & Sovacool，2011）。

由于石油在现代能源中的支配性地位，各国政府和公众将石油资源分布的不平衡性视为对能源安全的重大挑战。"二战"之后的多次地缘政治冲突，都是围绕着中东这一富藏石油的地区展开的。1973—1974年和1979—1980年两次石油危机及其引发的全球性经济危机，都与进口国对石油供应中断的恐慌有关。

世界石油探明资源分布在2012年之后出现了一个重大变化，就是西半球的探明储量有了明显的增长。加拿大油砂资源、美国页岩油气资源和委内瑞拉重油资源的重新计算，导致美洲在世界石油资源探明储量中的比重有了明显的上升，北美地区所占比重从2002年的8.3%上升到2012年的8.4%（注意：这是在总储量从13215亿桶上升到16689亿桶的背景下），中南美洲的比重则从2002年的7.6%上升到2012年的19.7%。相应地，中东地区的比重从2002年的56.1%下降到2012年的48.4%。这种变化有助于缓解人们对中东地区不稳定带来的能源安全风险的担忧，但是中东地区的基础性作用仍是不可动摇的。

（二）经济成本

1. 能源价格的波动可以引起经济衰退

汉密尔顿（Hamilton，2011）总结了石油价格波动与美国经济周期之间的关系（表1.1）。结论是很明显的，石油价格的剧烈波动与美国经济周期之间存在着很强的联系，尽管这一关系是不对称的，即石油价格快速上涨会引起经济的衰退，但是石油价格的快速下跌却不会引起经济的繁荣。

由于石油价格在事实上与美元挂钩，而美元又是全球货币体系的基础，因此石油价格的剧烈波动很可能引发全球的市场动荡，并可能引发全球性的经济危机。2008年爆发的世界金融危机，其前兆就是2007年高企的石油价格（WTI油价达到147美元/桶的历史高位）。

2. 能源市场垄断与高能源价格损害国内经济公平与效率

由能源市场波动带来的经济性风险往往被能源安全话题掩盖。实际上，真正意义上的能源供给中断从来没有在和平时期发生过，而能源市场波动带来的经济性风险却时时存在。由于能源价格构成了国民经济运行的基础，所以能源价格的剧烈波动往往成为经济周期变化的一个肇因（表1.1）。

对能源进口国来说，如果能源价格超过了正常的水平，就会造成下游工业的利润空间大幅度减少，因而扭曲经济资源配置格局，甚至扼杀制造业的创新与发展能力，并给消费者带来较高的生活成本。而对于能源出口国来说，较高的能源价格会带来大量的货币流入，并带动本币的升值和利息率的提高，以及较高的劳动成本和物价水平，同样也会使其他工业的发展失去动力，因为任何其他工业都无法提供像能源工业那样高的利润率，这也就是经济学上的"荷兰病"。

表 1.1 石油价格与美国经济周期的关系研究总结

汽油短缺	价格涨幅	价格控制	关键因素	商业周期峰顶
1947 年 11 月— 1947 年 12 月	1947 年 11 月— 1948 年 1 月（37%）	无（威胁 进行控制）	强劲需求， 供给约束	1948 年 11 月
1952 年 5 月	1953 年 6 月（10%）	有	冲击，市场控制	1953 年 7 月
1956 年 11 月— 1956 年 12 月 （欧洲）	1957 年 1 月— 1957 年 2 月（9%）	有（欧洲）	苏伊士运河危机	1957 年 8 月
没有	没有	没有	—	1960 年 4 月
1973 年 6 月 1973 年 12 月— 1974 年 3 月	1973 年 4 月— 1973 年 9 月（16%） 1973 年 11 月— 1974 年 2 月（51%）	有	需求强劲， 供给约束， OAPEC 禁运	1973 年 11 月
1979 年 5 月— 1979 年 7 月	1979 年 5 月— 1980 年 1 月（57%）	有	伊朗革命	1980 年 1 月
无	1980 年 11 月— 1981 年 2 月（45%）	有	两伊战争， 市场控制	1981 年 7 月
无	1990 年 8 月— 1990 年 10 月（93%）	无	第一次海湾战争	1990 年 7 月
无	1999 年 12 月— 2000 年 11 月（38%）	无	需求强劲	2001 年 3 月
无	2002 年 11 月— 2003 年 3 月（28%）	无	委内瑞拉骚乱， 第二次海湾战争	无
无	2007 年 2 月— 2008 年 6 月（145%）	无	需求强劲， 供给停滞	2007 年 12 月

资料来源：Hamilton James D. (2011). Oil Prices, Exhaustible Resources, and Economic Growth. Prepared for Handbook of Energy and Climate Change. http://econweb.ucsd.edu/~jhamilton/handbook_climate.pdf.

3.石油价格波动对全球经济形成冲击

以美元的石油定价权作为基础的货币体系，使世界经济构成了一个物质流与资金流相互配合的统一体。进口石油的国家需要出口制造业商品来换取美元，出口石油的国家获得美元然后用来购买其他商品。因此，石油价格就成了在全球进行利益分配的基础工具。

石油价格的基础是全球货币的流动性尤其是美元的流动性。因此，控制全球流动性的快速增长，是有效抑制国际石油价格剧烈波动、实现全球经济平稳运行的关键。这是能源消费大户尤其是中国、美国、日本、欧盟等经济体的重要责任。

4.石油价格过高也具有国际地缘政治风险

能源资源垄断及由此产生的巨大经济力量的集中，赋予了国际上某些集团超常的力量，使之可以在地缘政治上和非传统安全领域发挥更大的作用。美国关于"9·11"恐怖袭击的调查表明，基地组织活动资金的最终来源有很大一部分是石油美元。

（三）环境影响

现代能源工业在勘探、开发、生产、输送、消费过程中必然要产生一定的环境影响，比如自然景观的改变、矿物开采过程中的污染、石油炼制与燃煤发电产生的废物排放、燃油消耗过程中的废气排放、水电站对河流生态的影响等。我们尤其要避免的是那种不可逆的和不可接受的环境影响，比如对生存环境的根本性破坏，生物物种的灭绝，水环境、大气环境和土地的污染。

燃烧化石燃料和传统燃料形成的污染造成很高的间接成本。化石燃料的不完全燃烧产生的 PM10 和 PM2.5 污染，以及其他形式的空气污染（硫化物、氮化物、光化学烟雾、重金属等）对人类健康有致命危害（UNEP and WMO，2011）。在美国，由于燃烧化石燃料，每年耗费在人类健康方面的花费达到1200亿美元，大部分花费在成千上万死于空气污染的未成年人身上（NRC，2010）。国际能源署的研究表明，2005年，控制空气污染的成本达到1550亿欧元，而至2030年，该成本将会增长至原来的3倍（IIASA，2009；IEA，2009）。

使用化石燃料和传统能源，会增加二氧化碳排放量、减少森林面积、降低水质、酸化或碱化水体、向生态圈中排放有害物质，进而威胁到全球生物多样性和生态系统（UNEP，2010）。这些危害同时又遏制了地球对气候变化的自然调节能力（UNEP，2011）。

一项由哈佛医学院发表的研究报告表明，美国由燃煤发电引起的环境外部成本为0.27美元/度（Epstein et al.，2011），而电的平均成本为0.09美元/度。运用对比方法，美国环境法研究所发表的化石燃料行业政府能

拍摄于2006年的中国山西安太堡露天煤矿。（摄影：刘强）

源补贴研究表明，同年美国的煤电补贴为 0.27 美元 / 度（ELI，2009）。

欧洲环保署发表的一项关于发电引发的环境外部成本研究，检测了 CO_2 和其他空气污染物（NOX，SO_2，NMVOCs，PM10，NH_3）排放所引发的具体环境品质损失成本，结果显示，2008 年使用传统化石燃料发电所引起的环境外部成本估计达到 25.9 欧分 / 度（European Commission，2008）。

很多时候我们寄希望于通过发展可再生能源来降低化石能源的环境影响，然而可再生能源技术并非没有负面的社会及环境影响，因此慎重规划对规避可能的环境和社会影响非常重要。比如，生物燃料的生产过程会造成对生物多样性和生态系统的负面影响；大规模水力发电对环境和社会的影响更是不可估量；可再生能源特别是光伏组件需要稀土元素，因此可能产生重金属污染问题（IPCC，2011）。

在温室气体持续排放的推动下，世界气候（或者更确切地说，某些气候带）的不稳定有可能加剧粮食和水资源短缺，加剧传染病的蔓延，诱发气候移民，造成数万亿美元的财产消失，引发极端天气事件——所有这些都可能导致全球冲突加剧。

对于能源安全面临的环境方面的广泛威胁，我们必须高度重视，否则环境影响最终会导致更高的能源价格、更大的能源贫困和更低的安全性。

但是，对化石能源的环境效应也要有全面的评价。尽管化石能源从生产到消费的过程中有负向的环境影响，但是化石能源的使用也减少了对原始有机能源如薪柴的需求，从而起到了保护植被和生物多样性的作用。

三、世界能源安全治理机制的原则

能源安全不仅是一国的问题，它也会通过国际石油价格等机制，影响全球所有国家和经济体。能源安全的复杂性和公共产品属性，要求它遵从一些基本原则。

（一）普遍服务原则

能源安全是一个公共产品，因此它不仅仅关系能源产业和公司的商业利益，还关系所有国家、所有国民的福利。因此，能源安全首先要秉持普遍服务的原则，要照顾所有居民和产业的利益。

能源服务是现代文明社会的基础之一。经济发展如果不能让全体居民享受现代化的物质文明与精神文明，就不能称之为现代化。因此，能源安全不是限制经济发展和能源消费的理由，那种认为中国、印度等人口大国冲击国际能源市场的看法从理论上讲是不公平的。各国人民都拥有享受现代文明成果的权利，无论是气候谈判还是能源合作都不应该导致限制经济发展的结果发生。发达国家和联合国应帮助发展中国家和地区建立基本的能源服务，通过基础能源服务改善落后地区的医疗卫生、教育和生存条件，使之逐渐脱离贫困，享受现代文明成果。

（二）利益公平原则

在能源的上下游和用户之间，能源安全政策选项应该兼顾所有参与方的利益。对任何一方或几方的利益倾斜，都会影响能源的长期有效供给。因此，能源安全要遵从利益公平原则。

公平是稳定和安全的基础。不仅在能源生产国和消费国之间，而且在能源生产企业和消费者之间、能源企业与受影响的人群之间，都要实现公平。实现公平的工具在于能源价格。当能源价格过低时，供给会出现不足，比如美国对国内石油价格实施差别定价的时期；能源价格过高的话，消费者的能源账单会高到影响生活的程度，让贫穷国家的居民享受不到基本的能源服务。那么，合理的价格应该满足什么条件呢？首先，它需要满足能源企业正常的利润水平；其次，由于能源勘探投资有一定的风险性，投资额也很大，因此，能源价格需要超出社会平均利润率的一定水平来平衡投资的风险因素。但是，如果能源行业的利润率大大超过了平均风险投资利润率，显然就不是合理的价格了。此时，前面所说的对内和对外两种问题就会显现。

利益公平原则，要求在能源出口国和进口国之间实现利益的平衡。能源出口国不应利用自身的优势，谋求过高的收益。但是事实上，有些能源出口国往往禁受不住这种诱惑。俄罗斯与白俄罗斯、乌克兰之间的天然气价格之争无疑就是一个例子。

另外，由于化石能源为不可再生资源，能源价格也要体现出对资源保护和替代能源技术创新的鼓励。但是，如果以单纯提高价格的做法来实现能源资源保护，则从经济上侵犯了消费者的利益，而给能源企业带来了不应有的超额利润。在实践中，可以通过税收来提高能源消费的成本，再把通过税收手段筹集的资金用于资源保护和鼓励创新。

（三）合作原则

能源市场是一个最为全球化的市场。在世界范围内，只有石油这样一种大宗商品有一个全球认可的基准价格。因此，即使是那些能够实现能源自给的国家甚至是石油出口国，其经济也会受到国际石油价格波动的冲击。任何一个地方发生的能源安全冲击，都会通过石油价格等渠道，影响到所有国家的能源安全。因此，我们可以说，能源安全是一个全球性的问题，没有共同的能源安全，就没有单个国家的能源安全。

合作原则应该是建立全球能源安全治理体系的基础。在走向全球合作的道路上，由于冲突思维的长期引导，人们曾走过很多弯路。冷战时期，苏联集团试图建立起围绕自己的能源体系，中东国家把石油供应作为维护民族利益的武器。石油输出国组织（OPEC）在很多时候也把石油出口国的利益置于全球利益之上，企图维护一个较高价位。

在未来的全球能源市场上，美国等经济合作发展组织（OECD）国家、石油输出国组织（OPEC）国家、俄罗斯等非 OPEC 石油出口国、中国等非 OECD 进口国，需要在国际能源安全领域加强沟通与合作，避免过度关注己方利益的单边主义行为。同时，也需要国际能源署（IEA）、国际能源论坛（IEF）等协调机制和《能源宪章条约》等国际法机制的协助，以实现共同的能源安全。

第二节
能源安全政策

本节对世界主要国家的能源安全政策进行简单的梳理，总结出对能源安全议题的各种主要关切，并在此基础上提出构建世界共同能源安全的若干原则，阐释中国方案对世界能源安全的意义。

一、主要国家和地区的能源安全政策

（一）美国

美国能源独立政策由来已久。1944 年，"二战"中的美国与沙特政府达成协议，推动世界石油贸易以美元进行结算。这一特殊安排使得美国的能源政策具有了世界意义，也奠定了美国主要能源安全政策的基础。

1972 年之前，整个世界石油市场一片繁荣，供给有充分保障，价格低廉。但 1973 年的石油危机对美国和世界经济造成了严重的冲击，美国从此转变了能源政策，开始强调能源独立，并高度重视石油价格对经济的影响。尼克松政府首次提出国家"能源独立计划"，该计划后来受到历届政府支持。该计划旨在加快国内能源资源开发，希望依靠自身力量满足国家能源需求，其本质是将进口石油依赖减少或降低到对国家能源安全和经济稳定不造成较大影响的程度。2012 年之后美国页岩油气革命成功，基本上实现了美国能源独立的政策目标。

2011 年，美国奥巴马政府发布《能源安全未来蓝图》，全面勾画了国家能源政策，提出确保美国未来能源供应和安全的三大战略：开发和保证美国的能源供应；为消费者提供降低成本和节约能源的选择方式；以创新方法实现清洁能源未来。

特朗普政府的能源独立政策仍然希望增加美国石油产量且减少石油进口依赖度，保障能源供应安全。更具体地说，是注重美国本土油气资源开发，放松油气开发监管，鼓励企业在大陆架钻探石油。此外，特朗普政府在气候变化、多边贸易以及其他全球性问题上的"后退"，都有助于美国实现能源独立。

美国的能源安全政策历来还包括维持战略石油储备、减少对能源基础设施的物理威胁以及防止核武器在"无核武器国家"和非签署国的扩散。近几年，美国各界对美国电网日益脆弱的担忧变得更加明显（EPRI，2011），并因美国军事行动的扩大电气化而加剧（美国陆军，2010；美国国防部，2011）。

2018 年 4 月 18 日，美国众议院能源和商业小组委员会通过 4 项能源安全法案，旨在提升美国能源部的网络响应能力和参与度，并制定新计划解决电网和管道的安全问题。

（二）俄罗斯

俄罗斯的能源政策脱胎于苏联。苏联经济的特点是国家控制投资并拥有工业资产的所有权。苏联对基础设施项目进行了大量投资，包括广大地区的电气化，以及建设和维护延伸到每个加盟国的天然气和石油管道。这种投资为俄罗斯成为能源超级大国奠定了基础。

1992 年，俄罗斯政府决定制定"能源战略"，为此设立了跨部门的委员会。

普京总统对"能源战略"进行了修订。2000 年 11 月 23 日，俄罗斯政府批准了到 2020 年"能源战略"的主要条款。俄罗斯到 2020 年的"能源战略"的主要目标是提高燃料和能源组合的质量，提高俄罗斯能源生产和服务在世界市场上的竞争力。为此，长期能源政策的重点是能源安全、能源实效、预算实效和生态能源安全。

"能源战略"的主要优先事项为提高能源效率（即降低能源生产和供应过程中的能源强度），减少对环境的影响，实现可持续发展，促进能源开发和技术发展，以及改善效率与竞争力。

（三）欧盟

欧盟委员会出台有专门的《能源安全战略》（Energy security strategy）[①]，主要的关切是如何确保进口能源通道的畅通和稳定供应，以及能源效率和温室气体排放控制问题。

欧盟一半以上的能源是进口的，其对原油和天然气进口的依赖程度特别高（分别为 90% 和 69%），进口总额每天超过 10 亿欧元。

欧洲许多国家还严重依赖单一供应商，如一些国家完全依赖俄罗斯的天然气。这种依赖性使它们容易受到供应中断的影响，无论是政治或商业争端还是基础设施问题造成的。例如，2009 年俄罗斯与过境国乌克兰之间的天然气争端，使许多欧盟国家面临天然气严重短缺的状况。

针对这些关切，欧盟委员会于 2014 年 5 月发布了《能源安全战略》。

---

① EU, Energy security strategy, https://ec.europa.eu/energy/en/topics/energy-strategy-and-energy-union/energy-security-strategy.

该战略旨在确保欧洲公民和欧洲经济获得稳定和充足的能源供应。

作为该战略的一部分，包括所有欧盟国家在内的 38 个欧洲国家在 2014 年进行了能源安全压力测试，在 1 个月或 6 个月的时间里模拟了两种能源供应中断的情况：

（1）俄罗斯完全停止向欧盟出口天然气；

（2）俄罗斯天然气通过乌克兰的过境管线供应中断。

测试结果显示，长期供应中断将对欧盟产生重大影响，东欧欧盟国家和能源共同体国家将受到特别影响。报告还证实，如果所有国家相互合作，即使在 6 个月天然气中断的情况下，仍将对消费者保持供应。

根据对压力测试的分析，2014—2015 年冬季，欧洲国家采取了一些短期措施。此外，欧盟天然气协调小组全年继续监测天然气供应的发展情况，并提请欧盟和能源共同体国家制定区域能源安全防备计划。该计划已在 2015 年获得审查通过。

该战略还涉及供应挑战的长期安全问题。它提出了五个关键领域的行动：

（1）提高能源效率，实现拟议的 2030 年能源和气候目标。这一领域的优先事项应侧重于建筑和工业，因为建筑和工业分别使用了欧盟总能源的 40% 和 25%。帮助消费者降低能耗也很重要，比如推广能源账单和智能电表。

（2）增加欧盟的能源生产，使供应国和输送路径多样化。进一步部署可再生能源、可持续化石燃料以及安全核能的生产。与俄罗斯、挪威和沙特阿拉伯等当前主要能源伙伴以及里海地区新伙伴就能源合作问题进行有效谈判。

（3）完善内部能源市场，补上缺失的基础设施环节，以迅速应对供应中断，并在整个欧盟范围内调整能源传输的流向。

（4）在外部能源政策方面以一个声音发言，包括确保欧盟国家尽早向欧盟委员会通报与非欧盟国家达成的可能影响欧盟供应安全的计划协议。

（5）加强应急和团结机制，保护关键基础设施。欧盟国家之间应加强协调，以利用现有储存设施，发展逆向流动。进行风险评估，并在区域和欧盟一级制定安全供给计划。

（四）日本

日本严重依赖外部能源资源进口。日本能源政策的重要目标是实现能源安全（Energy Security）、经济增长（Economic Growth）和环境保护（Environmental Protection）（简称3Es）的共同发展。3Es中的三个因素同等重要，不可偏废。确保能源安全、提高能源效率、积极开发新能源和可再生能源，以及合理利用核能源，对实现3Es目标具有重要意义。为此，日本在20世纪70年代后实行的能源政策包括：其一，谋求能源结构多样化，能源开发与节约并重，提高能源的使用效率；其二，保障石油稳定供应，分散石油进口来源，拓展海外市场；其三，高度重视并投入巨资建立和完善石油战略储备设施；其四，加强与中东石油出口国尤其是沙特的合作伙伴关系；其五，重视新技术、新能源的开发利用；其六，发挥油轮优势，确保能源运输安全。

日本在2011年东日本大地震后面临新的三大能源挑战：能源自给率的下降，更高的电力成本，二氧化碳排放增加。

为应对这些挑战，日本计划促进全民的能源节约措施，优化能源结构，并将2030年设定为实现目标的年份。为实现稳定的能源供给、经济效率、环境兼容与安全，日本采用了以下三项措施：其一，加强能源安全；其二，执行能源节约与可再生能源政策，在经济增长同时考虑环境影响；其三，平衡公共利益，如通过市场自由化与提高竞争力来平衡能源稳定供应与降低成本之间的关系。

二、能源安全政策综述

1973 年第一次石油危机之后，石油价格经历过多次的大起大落。每一次的石油价格暴涨，都会引起各主要石油消费国出台政策，以应对剧烈上升的能源成本。对此，更宏观的说法，叫作提高能源安全。总体来说，这种政策有以下两类：其一是推动节能措施并提高能源效率，其二是发展非石油替代能源。

然而，无论如何，石油和天然气这两种化石能源在总体能源组合中的地位是难以撼动的，而这两个市场又是典型的国际化市场。任何国家都不可能脱离国际市场而独立存在。即使是供给上能够自力更生，在价格上也不可能脱离国际石油价格的影响。美国在 20 世纪 70 年代曾经试图维持国内外油价的双轨制，让国内销售价格低于国际价格，但是最终的结果是供应商削减了国内供应量，导致加油站出现排队现象。而能够实现能源供给独立的国家少之又少，因此，开展国际合作、区域合作来提高能源安全水平，就成为多数国家必然的选择。

（一）依托国内能源资源，降低对进口能源的依赖

在能源出口国之外，多数国家都在不同程度上依赖进口的化石能源。尽管如此，仍有不少国家选择尽可能地以国内能源资源为主体构建能源体系。

最典型的例子有 1993 年之前的中国和 1989 年之前的南非共和国，两国都以煤炭为主体建立了大规模的国内能源体系。在 1993 年之前，

中国还是一个石油的净出口国，然而这是在以国内煤炭为主体能源的基础上实现的。随着中国经济总量的迅速增加和居民消费水平的提高，对石油需求的快速增长使得这种能源选择难以持续。

南非在 1989 年之前由于国际制裁的因素，不得不致力于依托国内能源资源即煤炭资源发展其能源系统。以煤炭为燃料的火力发电占其总发电量的 90% 以上，同时南非也利用煤炭资源生产煤制油，为交通运输业提供液体燃料。南非是煤制油技术应用最多的国家。此外，南非还拥有非洲大陆唯一的核电站。

美国自 1972 年第一次石油危机之后，追求能源独立的政策就一直没有停止过。21 世纪初，小布什政府试图用生物乙醇燃料提高能源自给率。2012 年之后页岩油气革命的成功，使得美国对能源独立的追求有了实现的可能。据美国能源信息署预测，2023 年之后美国有可能成为石油和天然气的净出口国。

巴西利用自己独特的甘蔗资源制取生物乙醇，在交通燃料领域实现了重大的能源独立目标，也成为世界生物能源产业一个独特的成功案例。近十年，巴西外海发现了大量的石油资源，为巴西的能源独立政策提供了更好的资源基础。

较低的进口依赖度并不一定带来能源安全。能源进口只是表明有部分需求需要由外部资源来满足。但如果国内能源供应系统没有足够的稳健性，那么能源安全仍然存在风险。最近的委内瑞拉电力事故就表明，单有能源资源是不够的，过度地依靠国内资源也会产生一些问题。比如，它可能会产生较高的经济成本或者严重的环境污染风险。比如中国前期以国内煤炭资源为依托建立的能源供给体系，对环境形成了巨大的压力。只有建立在经济性、稳健性、环境友好基础之上的能源独立，才能真正地保障能源安全。

（二）发展替代能源，降低对化石能源尤其是进口化石能源的依赖度

一些非洲国家，包括肯尼亚和塞内加尔，将其出口收益的一半以上都投入能源进口方面，而在印度，该项比例也达到45%。很多实例表明，对有条件使用可再生能源的区域进行相关投资，可以提高整个国家的能源安全性（UNEP，2011）。

寻找可持续的替代能源，减少对化石能源的过度依赖，已经成为各国能源政策的一个重点。但是目前除水电外的多数可再生能源项目，都需要较高的价格或者补贴来维持其运转。因此，对如何发展可再生能源存在着激烈的争论。

由于化石能源利用过程中的负向环境外部性并没有完全由其生产企业负担，各国政府实际上对化石能源进行了暗地里的补贴。而这种对环境污染行为的实际补贴，导致了严重的健康代价。因此，发展非水电的可再生能源，重要的政策基础是要体现化石能源的所有环境成本与社会成本，从而全面展现出非化石能源与环境有关的正向外部性。简单地说，就是要根据化石能源的环境影响提高其综合成本。然而，考虑到能源价格对于经济活动的重要影响，国家一般在出台税收政策时都难免顾虑重重。

全球可再生能源产业的发展验证了这一过程。各国通过可再生能源证书、财政补贴、配额政策等措施，为光伏、风电等可再生能源产业创设了一个富于成长性的市场，之后其成本迅速下降。联合国政府间气候变化专门委员会（IPCC，2011）可再生能源技术报告指出，全球光伏板模块的平均价格从1980年每瓦特22美元降低到2010年的每瓦特1.5美元。根据美国国家可再生能源实验室（NREL，2017）的报告，2010—2017年，美国的光伏成本出现了更快的下降，不同用途的光伏成本下降比例为 61.3%~79.6%[①]。成本的下降是研发取得突破、实现规模经济、学习效应和提高供应商间竞争的共同成果。美国能源部计划到 2020 年实现光伏发电与其他形式发电的商业竞争能力。

目前世界上已经有多种可再生能源技术路径，有的已经走向成熟的工业化阶段，有的在示范阶段，有的还处于实验室阶段。这些技术路径最终并不都能进入工业化扩展阶段，只有那些具有显著成本下降潜力和大规模生产潜力的技术路线才能站稳脚跟。但是，在结果出来之前，并不会确切知道哪些技术路线能成功。

因此，能源政策应该鼓励能源技术创新。具体的政策包括：对企业研发支出（R&D）进行退税或减税，或通过国家实验室支付基础性研究的成本，等等。在鼓励实验室阶段的技术创新之外，还应安排有前景的技术进行示范性建设，以检验其可行性。如果能够通过示范性阶段的检验，政策重点就应该转向市场创设阶段。这几个阶段的政策从实质上讲，都是社会的补贴行为。

为保持整个产业的良性发展，产业补贴要符合两个原则：第一，补贴的水平应该有助于保护那些致力于技术进步的企业，也就是说补贴水平不能过高，要使那些技术落后或者只是简单进行组装的企业无法实现盈利，避免行业内产能增长过快引起恶性竞争；第二，产业补贴要有明确的退出期或者退出机制，从而激励企业保持合理的技术研发投入。这一点对于保持适度的产能规模至关重要，否则企业就会躺在政府补贴上不思进取，并吸引过多的投资进入产业，进而出现能过剩、恶性竞争的局面。图 1.1 是联合国环境规划署（UNEP，2011）推荐的可再生能源技术在不同阶段的政策建议。

---

① News Release: NREL Report Shows Utility-Scale Solar PV System Cost Fell Nearly 30% Last Year, Sept. 12, 2017. https://www.nrel.gov/news/press/2017/nrel-report-utility-scale-solar-pv-system-cost-fell-last-year.html.

图 1.1 支持可再生能源的一些政策

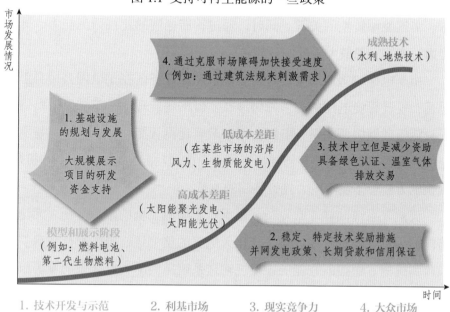

资料来源：Adapted from IEA (2008e, 2010b)

（三）建设稳健、智能的能源基础设施

能源系统高度依赖网络化基础设施。目前已经形成了石油管线网络、天然气与城市燃气管线网络和电力网络，其中电力网络可谓有史以来最为复杂的人造网络设施。

能源基础设施需要一个坚固而且灵活的能源系统，能够纳入并充分利用新的可再生能源。可再生能源电力的接入对电网的稳健性提出了新的挑战，也成为能源安全的新挑战。

根据美国能源部发布的《电网 2030》（Grid，2030），一个完全自动化的电力传输网络（智能电网），能够监视和控制每个用户和电网节点，保证从电厂到终端用户整个输配电过程中所有节点之间的信息和电能的双向流动。电力能源消费是总能源消费中最重要的组成部分，利用智能电网技术最大限度实现可再生能源电力上网，是有效降低可再生能源成本、实现能源转换的关键。同时，通过智能电网的超强预测能力、计算能力，能够实现最大限度的节能。

由于电网的垄断属性，建设智能电网的任务落在了电网公司身上。但是，发展智能电网的许多障碍涉及监管问题，现行监管结构和监管权限只能松散地协调关系，电网公司和政府建设智能电网的意愿都是不确定的。发展智能电网迫切需要研究出一个能调动起投资意愿的体制机制，加快电力监管体制与电力投资体制的改革。

天然气系统同样非常复杂，也承担着能源安全的重要责任。无论是跨国的天然气输送管线，还是液化天然气的整个运输链，都存在着安全风险和挑战。稳健而智能的天然气输送系统是能源安全体系的重要组成部分。

（四）形成更加开放和竞争的能源市场，提高经济效率

能源安全的基础在于能源效率带来的经济竞争力与能源成本的稳定性，这一点经常被进口依存问题所掩盖。

世界银行（2005）提出，能源安全的基础是能源效率、供应多样化（以此保障进口能源的稳定供应）和尽量减少价格波动这三个支柱。消费者和用户倾向于将能源安全视为价格合理的能源服务。大石油和天然气生产商看重稳定获得新的储量，而公用事业公司强调电网的完整性。政治视角则要保护能源资源和基础设施不受恐怖主义和战争的影响。科学家、工程师和企业家将能源安全描述为强大的能源研发、创新和技术转让系统的功能。这些分散的能源安全概念，既反映在不同国家的能源安全政策上，也反映在不同人群的态度上。

能源品种的多元化与可替代性同样可以提高能源安全。降低煤炭或

者石油在能源结构中过高的比重，将使我们有更稳定的能源供应。天然气应用的扩大和电动汽车等非油能源的发展，都是降低石油在能源组合中过高地位的一种努力，尤其是在那些严重依赖进口石油的国家。

为应对能源安全问题，不同国家都采取了一些措施。美国自乔治·布什总统以来，致力于减少对中东石油的依赖，更多地转向从美洲和非洲进口石油，同时发展生物乙醇、页岩油气等替代燃料。美国近年来的发展表明，没有政府补贴的页岩油气革命取得了巨大的成功，而享受政府补贴的生物乙醇燃料并没有完成预期的革命性目标。

（五）加强国际合作，以全球资源优化能源组合，实现共同能源安全

能源特别是化石能源的供给与消费，是一个全球性的市场。其中，石油和天然气市场是当前最为全球化的市场，具备其他任何产品都不会有的世界基准价格。在这种背景下，任何希望通过与世界市场脱钩来保障能源安全的想法和做法都是幼稚且无法实现的。因此，应通过加强国际合作，实现能源出口国、进口国、过境国之间的能源合作，以利益共享机制来规范各方的行为，从而确保各方尤其是进口国的能源安全。

对能源进口国来说，一般有以下几种做法。

1. 分散能源进口来源，降低进口渠道单一带来的供应中断风险

分散进口渠道，是每一个进口国都希望做的风险对冲政策，但是这一点并不容易做到。国际石油和天然气市场的最大特点，就是资源分布的不均衡性。在美国页岩油气革命之前，中东和北非地区的油气产量和出口量占到了压倒性的比例，想从这一地区分流出去并不容易做到。俄罗斯、西非、东非地区的出口能力和可靠程度并不比中东、北非地区强很多。

美国的页岩油气革命之后，世界石油天然气的供应局势有了明显变化。随着西半球石油和天然气产量的增加，以及澳大利亚液化天然气

（LNG）出口能力的提升，世界油气市场的分散化有了更多的空间。同时，各种石油替代能源，包括电动汽车技术的成熟、可再生能源成本的下降、醇醚燃料的发展、氢能技术的发展与产业化，都成为降低石油在燃料中垄断地位的贡献因素，从而削弱了石油卡特尔组织（石油输出国组织，OPEC）操控市场的空间。在石油市场，美国开始增加石油出口量；在天然气和LNG市场，俄罗斯和中亚，以及澳大利亚、卡塔尔、美国、墨西哥，都将成为未来的供应选项。在这一大背景下，通过分散进口来源来提升能源安全水平，就有了更多的可能性和政策空间。

2. 形成区域能源市场，以区域合作加强共同能源安全，并降低能源成本

区域经济一体化在世界经济体系中十分常见，北美自由贸易区、欧盟和欧元区、海湾合作组织、南方共同市场等，都是区域经济一体化的典型例子。中国—东盟自由贸易区虽然还谈不上经济一体化，但相互融合也在加深，欧亚经济联盟、南亚区域联盟等也都是这种区域经济一体化的尝试。在这种背景下，能源市场的区域融合和一体化比其他领域更为容易实现。首先，能源贸易中无论是石油、天然气还是电力的价格都非常清晰，容易达成共识；其次，能源贸易的跨境计量和通关、结算措施也较其他产品更为容易。

目前，亚太地区已经成为世界上最大的能源消费者，同时，世界主要的能源供给者也都位于亚太周边地区。中国目前已经成为世界上第二大油气消费市场，紧随美国之后。中国成为世界能源市场的重要力量，是俄罗斯、中东和非洲产油国竞相出口的对象，在美国原油出口解禁之后也成为美国石油的买家，同时中国对煤炭和天然气也都有很大的进口需求。

中国能源资源并不丰富，但是巨大的市场仍然可以成为中国的优势，这为中国通过合理利用世界能源资源来优化能源结构提供了条件。中国

可以利用世界范围内的优质资源，实现自身能源供给与消费结构的优化，降低综合能源成本，实现绿色增长，提升能源安全保障水平，促进经济的持续健康发展。

利用国际能源资源，有利于中国推动国内的能源市场化改革和资源优化配置。同时，通过"一带一路"建设，加强与世界能源出口国、进口国、跨境国的合作，也有利于维护区域的和平与稳定，推动周边地区与世界的融合发展。中国的能源革命，是世界能源革命的重要组成部分，未来中国将成为这一趋势的领军国家。

3. 保障海上运输与跨境、过境运输安全

能源的海上运输安全一般涉及两种威胁方式：第一种威胁是地缘政治冲突引发的海上通道的自由通行问题，如霍尔木兹海峡、刻赤海峡、博斯普鲁斯海峡、马六甲海峡的通行等。但这种通行受到国际法的严格保护，即使发生了地缘政治冲突，也很难有哪个国家会封锁海上通道。第二种威胁来自海盗、恐怖袭击等非常规安全挑战。各国开展的护航行动是保障海上运输安全的重要措施。

油气管道的跨境和过境运输问题则比较复杂，也是近年来多次出现问题的领域。比较典型的就是俄罗斯通过乌克兰输往欧洲的天然气管道争端。

第三节
世界能源安全机制与中国方案

能源安全是世界各国都需要认真面对的全球性问题。在世界能源市场上，不同利益诉求的国家和国家集团形成了不同类型的能源安全治理机制。近几十年来，全球能源格局发生了巨大变化，中国等主要新兴经济体已成为全球能源贸易的主要参与者，全球能源贸易的重心也已转移到了亚太地区。中国加入世界能源安全治理的舞台，并将为世界能源安全作出自己的贡献。

一、世界能源治理机制概述

当前全球能源治理格局的机制是在近几十年间逐步形成的。1960 年石油输出国组织（OPEC）建立，随后发生了两次石油危机，很大程度上刺激了全球能源治理向更大范围和更深层次发展。1974 年国际能源署（IEA）在经合组织（OECD）框架下建立，形成了发达国家石油消费国联盟与 OPEC 对立的治理格局。国际能源论坛（IEF）于 1991 年召开了首次会议，其成立在一定程度上改善了能源生产国和消费国的沟通渠道。

1991 年 12 月 17 日，《能源宪章条约》（Energy Charter Treaty）在荷兰海牙订立，包括了一系列国际能源贸易、投资的原则。1998 年 4 月，《能源宪章条约》正式生效，其主要目的在于通过国际法的形式，约束能源贸易、能源跨国投资、能源跨境运输与海上运输的行为，实现共同的能源安全。

20 世纪 90 年代以来，在应对气候变化、促进技术转移、加强区域合作等多元化治理目标的驱动下，多个更为精细化的专项治理机构和平台相继成立，如联合国气候变化框架公约秘书处（UNFCCC，1994 年生效）、清洁能源部长级会议机制（CEM，2009 年成立）、国际可再生能源机构（IRENA，2009 年成立）、全球碳捕集与封存机构（GCCSI，2009 年成立）等。与此同时，能源治理逐步成为全球和区域各主要经济治理机构的热点议题，包括七国集团（G7，1976 年成立）、二十国集团（G20，1999 年成立）、上海合作组织（2001 年成立）等。

（一）国际能源署（IEA）

国际能源署（IEA）是一个协约性组织，建立于 1974 年，其成立的主要目的是应对阿拉伯石油危机，现有 30 个成员国[①]。

IEA 的基本功能是能源市场数据统计和分析、能源预测、技术合作、政策分析、标准的建立和应急管理。IEA 是国际能源政策问题广泛讨论的重要平台，具备强大的市场数据分析能力。但是作为全球能源治理的一个工具，IEA 的功能由于成员国仅限 OECD 国家，以及历史上与OPEC 的对立关系而受到了严重制约。

---

① IEA 成员国包括：澳大利亚、奥地利、比利时、加拿大、捷克、丹麦、爱沙尼亚、芬兰、法国、德国、希腊、匈牙利、爱尔兰、意大利、日本、韩国、卢森堡、墨西哥、新西兰、挪威、波兰、葡萄牙、斯洛伐克、西班牙、瑞典、瑞士、荷兰、土耳其、英国、美国。

作为当今全球能源合作最有影响力的机构之一，IEA 的主要功能包括：

• 油气市场报告；

• 提供国际能源数据；

• 协调应急响应机制和战略石油储备的使用；

• 评估各成员国能源政策；

• 出版有影响力的报告，包括《世界能源展望》《能源技术展望》《中期油气报告》《月度石油报告》以及能源统计、能源平衡表、能源价格等年度、季度、月度系列出版物；

• 技术网络。

IEA 的原始条约限制了其成员国身份仅对所有 OECD 国家开放。但此份条约（称为"国际能源项目"）很大程度上已经过时。IEA 目前基本上基于各种协定进行运营。条约是否需要更新是 IEA 成员国理事会应考虑的问题。目前是否需要修改条约，使中国和其他非 OECD 国家成为成员国，尚不确定。

IEA 的决策机制通常基于成员国的广泛共识，但是也存在投票机制，在少数情况下通过一项决议需要 50% 的成员国赞同，或是拥有 60% 的投票。由于欧盟国家以各自名义分别加入 IEA，因此成员国大多为欧洲国家。在投票权重方面，美国占据四分之一的投票权，而欧洲国家总和有一半，日本是仅次于美国享有最大投票权的国家。投票多用于选举署长和主席，其他方面的决策则较少使用投票方式。条约本身对释放原油储备提供了一套投票机制，但由于非常烦琐，一定程度上也已过时，因此，近年来 IEA 对战略石油储备相关事项应用了一套更为简便的、基于共识的决策方式。

2015 年 11 月，在 IEA 部长级会议上，IEA 提出将在全球能源格局发生变化的大背景下进行现代化改革，改革主要由三个支柱支撑。首先是向新兴经济体敞开大门。IEA 欢迎墨西哥正式申请加入，并欢迎中国、印尼和泰国成为联盟国。此外，IEA 将与巴西、智利、中国、印尼、墨西哥和南非开展一系列双边合作。其次是拓宽能源安全的核心任务，一方面要考虑到全球石油市场持续发展，另一方面也要考虑到液化天然气（LNG）在全球能源贸易中的地位日渐上升。第三是 IEA 要转型成为全球清洁能源技术和能源效率的中心，包括加强 IEA 技术合作项目，该项目在全球已有 6000 名专家参与。此次 IEA 部长级会议为政府官员和能源行业领袖讨论重大能源问题与世界能源系统如何应对气候变化的威胁提供了机会。

中国与国际能源署的合作始于 1996 年，中国国家发展和改革委员会（前身为国家发展计划委员会）与 IEA 在北京签署了合作谅解备忘录，

2016年3月30日，中国—国际能源署合作二十周年庆典在北京举行。图为国际能源署署长法提赫·比罗尔发表主旨演讲。

双方同意在以下领域开展合作：

• 节能和能源效率；

• 合理高效地生产、提取、运输、分配和使用油、气、煤、电（包括水电和核电）、可再生能源等能源资源；

• 能源部门的外国投资和贸易；

• 能源供应安全；

• 信息和统计；

• 能源研究开发和技术应用；

• 能源与环境；

• 双方同意的其他领域。

随后，中国与国际能源署在能源安全、能源统计、能源市场（煤炭、油气和可再生能源）、能源效率、能源技术合作项目、洁净煤、碳捕获和储存（CCS）技术、工业、建筑和交通等广泛领域进行了多种形式的交流合作，并建立了深入的双边合作关系。

鉴于中国和其他主要的发展中国家在 IEA 工作中的作用越来越重要，2015 年 9 月法提赫·比罗尔博士在成为国际能源署署长后，打破首访到 IEA 成员国的传统，第一次正式访问就以中国为目的地，并在中国社会科学院发表了其就任后的第一次公开演讲。在演讲中，他倡议中国与 IEA 之间建立制度性纽带，并迈入充分参与该机构工作的"新时代"。比罗尔博士说，访问北京实实在在地展示了他对 IEA 进行现代化改革的愿景，该愿景的一个关键部分就是建立一个真正"国际化"的国际能源署。中国不应仅是 IEA 的一个合作伙伴，而应当全面参与 IEA 各项工作。

（二）二十国集团（G20）

二十国集团（G20）成员既包括发展中国家，又包括发达国家[①]。作为全球治理的主要领导机构，G20 具有重要作用，但是 G20 主要关注经济和金融问题，缺乏针对能源治理的相关机制。

从 2005 年至 2009 年，八国集团（G8）与"加五"国家（巴西、中国、印度、墨西哥、南非）建立了会晤机制。这一工作机制在能源和气候变化问题上开展了一系列工作，得到 IEA 的支持。2005 年 G20 峰会开展了"清洁能源、气候变化和可持续发展"对话，许多能源生产国和消费国参与其中。这一框架更好地反映了全球经济发展的新形势，并被 G20 继承下来。

一直以来，G20 的主要使命是制定全球金融规则、促进经济复苏，而对能源事务的关注不多。但是 G20 各国的金融部长和中央银行主席对能源市场一直有所关注。2013 年 7 月，在莫斯科峰会上，G20 成员国领导人呼吁进一步改进"联合石油数据库"（JODI），并表示支持 IEA、IEF、OPEC 在油气、煤炭市场的合作。他们也表示支持国际证监会组织（IOSCO）与以上三个组织的秘书处在石油衍生品市场的监管合作。2013 年的 G20 能源监管者圆桌会议由俄罗斯主持，该会议发布了一份有力的声明，表示将推动能源基础设施投资的监管和促进。2009 年，G20 领导人共同承诺在中期消除化石能源补贴。能源市场的价格波动问题也在 G20 的视野范围内。表 1.2 为 G20 会议中的主要能源治理议题。

[①] 二十国集团成员包括：美国、日本、德国、法国、英国、意大利、加拿大、俄罗斯、欧盟、澳大利亚、中国、南非、阿根廷、巴西、印度、印度尼西亚、墨西哥、沙特阿拉伯、韩国、土耳其。

表 1.2 G20 会议中的主要能源治理议题

G20 会议	主要能源治理议题
2008 年	能源安全
2009 年	逐步取消化石燃料补贴的协议
2010 年	绿色增长
2011 年	"能源和大宗商品市场"工作组； 联合石油数据倡议机制、价格报告机构、绿色增长、协调能源补贴
2012 年	承诺逐步淘汰化石燃料并投资清洁能源
2013 年	成立能源可持续工作组； 可持续能源政策、全球大宗商品市场抗风险性
2014 年	布里斯班能源合作八项原则
2015 年	能源贫困和可持续发展
2016 年	能源贫困、可再生能源和国际能源治理
2017 年	能源和气候协同治理，绿色金融

资料来源：于宏源：二十国集团与全球能源治理的重塑，《国际观察》2017 年第 4 期 129—143 页。

（三）国际能源论坛（IEF）

国际能源论坛（IEF）是汇聚全球最多国家能源部长的机构。与 IEA 和 OPEC 不同，其成员国覆盖了能源生产国、消费国和运输国，而且不区分发达国家和发展中国家。目前有 89 个国家签订了 IEF 宪章，成为其成员国。中国是 89 个成员国之一，也是由 31 个成员国组成的强制执行委员会的一员。

IEF 旨在建立一个"中立的平台，谋求非正式、公开、被通知的能源对话"，以保障全球能源安全。IEF 每两年举行一次部长级会议，同时设有一个商业联盟论坛。IEF 还召开有关能源市场前景的研讨会，探讨市场预测、石油监管等问题。

一般而言，IEF 是各成员国交换意见、建立高层联系的机构，而不是政策制定者。但近年来，IEF 秘书处组织了多次活动，并针对不同的能源领域发布了报告，包括与国际石油公司和国家石油公司的合作、能源贫困、碳捕集与封存、能效等。

IEF 的另一个重要角色是与其他几个国际机构的秘书处合作，包括 IEA、OPEC，并参加 JODI 的协调工作。

（四）石油输出国组织（OPEC）

OPEC 是主要能源供应国家的代表性机构，目前共有 13 个成员国[①]。OPEC 是短期全球市场的重要参与者，其成员国的石油、天然气产量分别占世界石油、天然气总产量的 40％和 14％。尽管 OPEC 成员国的石油产量在世界石油总产量中占比有所下降，但其出口的石油仍然占世界石油贸易量的 60％，并且由于其对石油产量的决断权，对国际石油市场仍具有很强的影响力。

OPEC 国家曾经是全球能源安全的核心，对全球能源供应起着决定性作用。随着全球能源市场供需结构的变化，仅靠 OPEC 国家原来的配额政策和价格政策已经不足以决定全球能源市场。OPEC 与 IEA 开展了一系列双边合作，比如 IEA 与沙特、利比亚、科威特在能效方面的合作，与沙特、阿联酋在清洁能源技术方面的合作。

OPEC 与 IEF 则有更为紧密的合作。IEF 的前身是始于 2000 年的"生产国与消费国对话"。2002 年，IEA、OPEC 等相关国家决定建立永久性秘书处，由沙特主持，IEF 由此成立。秘书处负责召开年度部长级会议，并与 IEA、OPEC、APEC 合作发布 JODI 石油数据。2008 年由于油价飙升，

---

① OPEC 成员国包括：阿尔及利亚、安哥拉、刚果、赤道几内亚、加蓬、伊朗、伊拉克、科威特、利比亚、尼日利亚、沙特阿拉伯、阿拉伯联合酋长国、委内瑞拉。

IEF 面临进一步提升对能源市场的理解的任务。2011 年，IEF 以发布宪章的形式确立了与 IEA、OPEC 专家的合作模式。2012 年，G20 召开了煤炭和天然气市场研讨会，IEA、IEF、OPEC 均有参加，提出三方合作的重点领域是能源展望、石油和金融市场、天然气和煤炭[①]。

中国与 OPEC 中大多数主要国家保持着良好的关系。

（五）能源宪章（Energy Charter）

能源宪章进程包括《能源宪章条约》《欧洲能源宪章》及其相关条约和修订案。1994 年签署的《能源宪章条约》（Energy Charter Treaty，ECT）是在 1991 年《欧洲能源宪章》原则的基础上建立的。ECT 旨在通过可靠的法律框架，在全球能源投资、能源运输、能源贸易中树立信心，降低政治和监管风险。在采纳条约的地区，ECT 为保护跨国能源投资、解决国际能源贸易和运输争端作出了重要贡献。ECT 的条款已经在超过 45 个案例中用于解决投资国和被投资国之间的争端。欧亚北部和里海地区的缔约成员国最先采纳 ECT，也是 ECT 传统上聚焦的地区。

ECT 在全球能源治理机制中的主要优势，在于它是目前唯一对促进和保护能源投资具有国际法约束力的国际多边条约，从而在全球能源治理中扮演着重要角色。同时，ECT 接纳成员国不区分能源生产国、消费国或运输国，也不区分发展中国家或发达国家。

ECT 的 51 个缔约成员国涵盖了几乎所有欧洲国家，包括 28 个欧盟成员国，以及中亚、俄罗斯、里海和黑海地区在内的许多国家。在缔约成员国中，澳大利亚、白俄罗斯、冰岛、挪威和俄罗斯等 5 个国家尚未

---

① 国家发展和改革委员会能源研究所、英国帝国理工大学葛量洪气候变化研究所：《全球能源治理改革与中国的参与（征求意见报告）》，2014 年 11 月。

批准 ECT。此外，ECT 还包括了中国、美国等 21 个观察员国，其与亚洲国家的合作正在逐步加强，包括中国、巴基斯坦、韩国、伊朗和东盟国家等。

俄罗斯与 ECT 保持着非正式的联系。俄罗斯虽然于 2009 年 10 月撤销了对 ECT 的申请，但仍然是 ECT 的签署国，并参与 ECT 的活动。俄罗斯撤出之前在其境内所进行的外国投资，仍然受到 ECT 条款的保护。

ECT 面向所有国家开放成员国申请。目前，ECT 正逐步向非传统区域开放，并根据新的国际环境改进宪章内容。2009 年，成员国发布了一项关于推进 ECT 现代化的政策，以应对新的挑战，并吸收更多国家参与。在"整合、扩展和推广"政策下，秘书处收到了缔约国关于修订《能源宪章条约》的申请，旨在将宪章的原则向全球推广。中国是该政策的优先目标之一。为促进各国参与全球能源对话、解决各国能源诉求，在 1991 年《欧洲能源宪章》的基础上，2014 年初，ECT 启动了"全球能源宪章"谈判，而新宪章的签署国将成为 ECT 的观察员国。

中国于 2011 年成为 ECT 的观察员国。与中国政府的合作是 ECT 优先考虑的工作之一，中国也是首批参与"全球能源宪章"谈判的国家之一。

（六）世界贸易组织（WTO）

世界贸易组织（WTO）目前有 164 个成员国，是全球多边贸易体制的法律基础和组织基础，被称为"经济联合国"。WTO 目前对国际能源市场的治理主要通过其有关能源产品贸易、能源服务贸易、能源技术知识产权等方面的机制来实现。近年来，WTO 在可再生能源设备贸易反倾销和反补贴相关争端中也发挥了一定的作用。

WTO 虽然不是能源机构，但是可以提供具体的能源贸易政策协调机制，并为能源贸易争端提供解决机制。但 WTO 本身也面临改革的困难。

建议 WTO 在未来的改革中，纳入能源产品的特殊属性，并增强发展中国家在其改革进程中的参与度。

（七）联合国机构

联合国框架下涉及能源领域的一系列机构，在全球能源治理中扮演着重要角色。这些机构包括联合国开发计划署（UNDP）、联合国粮农组织（FAO）、联合国工业发展组织（UNIDO）和联合国环境规划署（UNEP）。联合国也曾经建立能源委员会，但是效果甚微。

UNIDO 与中国有良好的合作，促进了技术转移。联合国秘书长提出的"人人享有可持续能源"倡议也为消除全球能源贫困作出了贡献。联合国一高级知名人士小组也提出建议，把普及现代能源服务纳入 2015 年之后的发展议程。

联合国相关机制中最有影响力的能源治理机制是联合国气候变化框架公约（UNFCCC）。UNFCCC 框架下正在设立多个具体机构，包括技术执行委员会（TEC）、气候技术中心与网络（CTCN）等技术机制，以及绿色气候基金等，以帮助发展中国家实施低碳能源增长战略。CTCN 由 UNEP 主持，总部设在丹麦。UNFCCC 敦促发展中国家就国家应对气候变化减排方案（NAMA）和技术需求评估（TNA）进行材料准备。

在 UNFCCC 技术机制下建立的新制度框架作用已经得到初步显现。对中国而言，参与该机构将获得低碳增长的战略性帮助。中国已经是 UNFCCC 技术执行委员会的一员，该委员会在亚太地区一共有 3 个代表国。

联合国亚太经济社会理事会（UNESCAP）对与中国在"一带一路"倡议框架下的能源合作持积极态度。UNESCAP 秘书长阿赫塔尔于 2016 年出席中国社会科学院举办的全球能源智库论坛时表示，联合国支持中国的"一带一路"倡议，鼓励中国与世界一道实现能源革命，为人类提供更清洁、更可持续的能源，为联合国发展目标作出贡献。

（八）清洁能源部长级会议（CEM）

清洁能源部长级会议（CEM）是全球范围内清洁能源领域的高级论坛。作为推动全球清洁能源领域协同创新的常设性国际合作机制，CEM的目标是通过政策和最佳实践分享、推出倡议和行动等方式来推动全球的能源转型。主要成员包括24个国家和欧盟。

清洁能源部长级会议提出的13个倡议包括：电动汽车倡议（EVI）、全球超级能效合作（GSEP）、超级高效家电使用倡议（SEAD）、生物质能源工作组、碳捕捉利用与封存（CCUS）、多边太阳能和风电工作组、可持续水电发展倡议、21世纪电力合作、女性清洁能源教育授权倡议（C3E）、清洁能源解决中心、全球照明和能源获取合作、全球可持续城市网络、国际智能电网行动网络（ISGAN）。

（九）金砖国家（BRICS）

金砖国家（BRICS）是发展中国家的重要组织，能源是其确立的合作领域之一。但到目前为止，除了共同支持UNFCCC的进程和多哈气候变化协议，以及就建立能源多边合作网络机制的可能性进行了讨论外，尚未建立任何相关的能源政策和项目。

金砖国家由于目前欠缺能源治理框架，预计近期内难以取得有成效的治理成果。

（十）亚太经合组织（APEC）

亚太经合组织（APEC）多年来具备能源事务管理功能。APEC设立

2014年9月2日，亚太经合组织（APEC）能源部长会议在北京召开，21个APEC成员经济体的能源部长和有关国际组织官员共商亚太可持续能源发展之路。

了能源工作组，在位于日本的能源研究中心（APERC）定期举行会晤。该中心每年发布能源展望报告。能源工作组分为清洁化石能源、能效和节能、能源数据分析、新能源和可再生能源等几个分部门。

（十一）上海合作组织（SCO）

上海合作组织，简称上合组织（SCO），被认为是亚洲能源合作最具潜力的组织之一。上合组织是2001年6月15日在中国上海宣布成立的永久性政府间国际组织，目前包括8个成员国、4个观察员国和6个对话伙伴国[1]。上合组织的基础功能是国家安全和反恐，同时也具备在中亚、东亚和南亚地区为能源安全作出贡献的潜力。

---

[1] 上合组织成员国包括：印度、哈萨克斯坦、中国、吉尔吉斯斯坦、巴基斯坦、俄罗斯、塔吉克斯坦、乌兹别克斯坦。观察员国包括：阿富汗、白俄罗斯、伊朗、蒙古。对话伙伴国包括：阿塞拜疆、亚美尼亚、柬埔寨、尼泊尔、土耳其、斯里兰卡。

（十二）新兴能源技术合作机构

近年来，全球建立了多个专注于能源技术合作的新组织，涉及的主要技术包括可再生能源技术、碳捕集与封存技术、能效技术等。其中影响力最大的几个机构包括：国际可再生能源机构（IRENA）、全球碳捕集与封存机构（GCCSI）、国际能效合作伙伴关系（IPEEC）。

IRENA 于 2009 年建立，总部设在阿布扎比。IRENA 目前有 134 个成员国，包括几乎所有欧洲国家和非洲国家，也包括主要经济体如美国、日本、澳大利亚、英国等。而在金砖五国中，中国、印度、南非也加入了 IRENA。可再生能源合作对应对气候变化和提升能源供应有重要的作用，IRENA 在这一领域作出了重要贡献。

GCCSI 由澳大利亚政府于 2009 年 4 月宣布成立，由澳大利亚出资，并由澳大利亚人担任主席。GCCSI 总部设在澳大利亚，但在全球各地（包括中国）均设有基地。GCCSI 侧重碳捕集与封存技术（CCS）工程研究以及大型项目的建设与投资，曾发布较为权威的全球 CCS 统计调查。但是其调查仅在油气部门进行，没有包括电力部门[1]。中国是 GCCSI 成员国，并向其顾问委员会派出一名代表。

IPEEC 是由 IEA 主持的独立机构，"可以获得 IEA 的知识、经验和能力的全面支持"。该机构与 IEA 提出的"协作国倡议"有一定相似之处，与 IEA 平行存在。由于能效是几乎所有全球情景下应对气候变化的最强有力的因素，因此，IPEEC 有潜力在此领域发挥重要力量。中国是 IPEEC 工业能效项目的参与国之一。

---

[1] 国家发展和改革委员会能源研究所、英国帝国理工大学葛量洪气候变化研究所：《全球能源治理改革与中国的参与（征求意见报告）》，2014 年 11 月。

二、当前全球能源治理架构存在的主要问题

20 世纪 70 年代以来，全球能源经济格局的巨大改变使得原有的能源治理框架已经不足以解决当前的问题。根据国家发改委能源研究所与英国帝国理工大学葛量洪气候变化研究所的合作研究成果（2014）[①]，当前全球能源治理架构存在的主要缺陷包括以下三点：

（一）无法代表新兴国家和发展中国家

现有能源治理架构由美国和其他发达国家主导，没有包括也无法代表新兴国家和发展中国家。与成立之初相比，国际能源署（IEA）能源安全机制的有效性在降低。一方面，发达国家认为自身担负了维护全球市场安全义务中较大的部分，新兴国家没有担负起与其快速增长的能源需求相适应的义务，尤其是在应对供应危机、气候变化和消除能源贫困领域；而另一方面，新兴国家在能源开发、技术转移等方面缺乏平等的权利，相对而言，只能在政治动荡、偏远、高成本的地方进行能源开发，他们期待更大的话语权。

（二）没有建立能源生产国和消费国之间的有效对话

国际能源市场全球化的特征增强，生产国和消费国之间不再是对立关系，而需要建立更多合作和对话。能源政策目标的达成需要所有主要市场参与者的广泛合作，能源技术的传播也需要更大程度的全球合作。但是，主流能源治理机构源于西方，由经合组织（OECD）国家主导，

---

① 国家发展和改革委员会能源研究所、英国帝国理工大学葛量洪气候变化研究所：《全球能源治理改革与中国的参与（征求意见报告）》，2014 年 11 月。

还没完全摆脱成立时的立场，即仍然存在与传统能源生产国的对立关系，生产国和消费国的合作仍存有障碍。IEA 是代表需求国家的主要治理机构，OPEC 是代表供应国家的主要治理机构。目前缺乏真正意义上具有国际性且能够兼顾生产国和消费国共同利益的治理机构。虽然 IEF 包括了生产国和消费国，但是目前 IEF 秘书处的功能在广度和深度上还远不能符合一个真正意义上的国际能源机构所应达到的标准，其讨论与决策机制也相对不够有效。

（三）治理功能不健全，无法满足多元化治理目标，存在治理"盲点"

当前全球能源治理机构的功能存在一定程度的缺位与错位。这些治理盲点包括：

• 缺少发展中大国的声音。

• 缺少对能源市场的金融监管机制。

• 缺乏既能实现能源领域知识产权保护，又能促进技术传播的平衡机制。

• 对能源贫困问题缺乏足够的认识和应对机制。

• 缺乏针对气候变化和碳排放问题的国际治理。虽然有联合国气候变化框架公约（UNFCCC）等气候变化相关的国际公约，但是没有任何一个国际机构在切实推动低碳政策的发展与落实。

• 缺乏解决能源运输通道治理争议的机制。能源运输是能源价格以外另一个对能源供应形成重要影响的因素。长期以来，全球能源运输通道主要被美国控制，即使通道不被切断，各种矛盾也会给全球能源市场带来负面影响。

• 缺乏解决能源贸易争议的有效机制。由于经济危机，发达国家的能源投资下降，而新兴国家的投资意愿却总是受到政治原因的干扰。贸易保护主义有重新抬头的风险。虽然有能源宪章、世界贸易组织等相关机制，但是在全球范围内解决能源贸易争端的功能尚不健全。

三、全球能源治理的中国方案

经济全球化时代下的全球能源治理，没有哪个国家可以置身事外。世界各国需要以负责任的精神协商行动，国际社会迫切需要新的全球能源治理理念。中国政府从构建人类命运共同体的高站位重视能源问题，以世界发展的长期视野积极应对能源问题，为国际社会贡献了中国智慧。

（一）以共同安全为追求，构建全球能源安全体系

在全球能源治理体系中，能源安全已经从传统的防止能源供给中断的能力发展演变为涉及经济、社会、环境、技术等多方面因素的综合能源治理能力。构建全球能源安全体系要求国际社会实现保障个体能源安全与国际能源安全的有机结合，在受到传统危机、非传统危机和其他不可抗力因素威胁时，能够共同应对。全球能源治理的参与权、话语权、支配权应该由各个国家自己掌握，同时在协调竞争、利益、冲突的问题上，能够避免能源霸权主义。

中国主张，各个国家应在联合国宪章指导下，构建全球能源安全体系。在能源安全观念方面，各国应树立新型能源治理思路，从根本上杜绝能源问题军事化。要坚持以共商解决矛盾，以共通规避争执，以共建化解冲突，以全局意识和统筹思维应对各类能源安全威胁。中国政府一直呼吁世界各国在能源的综合治理上深度参与、互利共赢，从能源安全合作机制的建立和完善入手，结成能源治理"共同体"，并在此基础上建立全球能源安全体系。参与治理的国家和组织不分大小、强弱、贫富，

都应以全球能源环境的安全、稳定为目标，坚持"共商、共建、互利、共赢"，共同维护能源安全。

（二）以可持续发展为准则，共建生态文明，构建全球能源人类命运共同体

全球能源的过度消费带来了严重的生态破坏和环境污染。中国政府一贯倡导清洁、安全、经济、可靠的未来能源治理方向，以可持续发展为指导，为全球能源治理指明方向："推进能源生产和消费革命，构建清洁低碳、安全高效的能源体系"。

中国将加大污染防治力度，实现降低主要污染物排放总量和资源消耗强度、改善生态环境质量的目标，提升绿色发展水平。这不仅是源自中国经济发展内在的需求和动力，更是中国履行《巴黎协定》承诺的重要举措。而这也意味着，通过"一带一路"、亚投行，以及《巴黎协定》等国际合作与全球治理的平台机制，中国将进一步扩大国际合作，输出绿色发展的技术、设备、产业和理念，推进开放、包容、普惠、平衡、共赢的发展，为构建人类命运共同体作出贡献。

中国率先发布《中国落实2030年可持续发展议程国别方案》，实施《国家应对气候变化规划（2014—2020年）》，向联合国交存《巴黎协定》批准文书。中国消耗臭氧层物质的淘汰量占发展中国家总量的50%以上，成为对全球臭氧层保护贡献最大的国家。2017年，中国同联合国环境署等国际机构一道，发起建立"一带一路"绿色发展国际联盟的倡议。

（三）"一带一路"推动全球能源互联互通

"一带一路"倡议是中国提出的旨在促进沿线国家共同发展、共同繁荣的多边发展合作框架。能源合作是共建"一带一路"的重点领域。

中国愿同各国在共建"一带一路"框架内加强能源领域合作，为推动共同发展创造有利条件，共同促进全球能源可持续发展，维护全球能源安全。中国愿同各方携手开创"一带一路"能源合作新局面的诚意，充分彰显出中国作为负责任大国共同促进全球能源可持续发展的使命担当，对于推动"一带一路"建设继续走深走实、推动构建人类命运共同体具有深远的时代意义。

当前，世界能源形势正发生复杂而深刻的变化，新一轮能源科技革命加速推进，应对全球能源安全和可持续发展问题迫在眉睫，亟须各国凝聚共识、深入交流、携手应对。"一带一路"沿线国家能源合作具有很强的互补性，是优化能源结构、平衡禀赋差异的重要途径，既可解部分地区能源匮乏之困，又能打通制约经济发展的瓶颈。只要"一带一路"沿线国家携起手来，精诚合作，就一定能够带动更大范围、更高水平、更深层次的区域合作，为促进全球能源可持续发展、维护全球能源安全、推动全球经济发展注入强劲动力。

"一带一路"沿线国家大多数是发展中国家，正处于城市化、工业化进程中，能源供应不足特别是电能不足，极大限制了其社会经济发展，困扰其人民日常生活。开展能源领域合作有助于实现"一带一路"沿线

2017年12月，中俄合作的俄罗斯亚马尔LNG项目建成投产，这是"一带一路"倡议提出以来中国在俄罗斯实施的首个特大型能源合作项目。

国家资源优化、机遇共享，把各国自身发展优势转化为沿线国家共同发展优势，既可以释放各国发展红利，又可以补足各国发展短板，促进构建开放包容、普惠共享的能源利益共同体、责任共同体和命运共同体。

第四节

中国与中国方案对世界能源安全的贡献

中国作为世界上最大的发展中国家、第二大经济体和世界最大能源生产国、消费国，一直以来对世界能源安全作出了巨大的贡献。中国提出的世界能源安全方案，为建设能源人类命运共同体贡献了中国智慧。中国自身能源安全的实践，为世界各国，包括发达国家和发展中国家，提供了非常有价值的参考。

一、中国对世界能源安全作出重大贡献

中国是目前世界上最大的能源生产国与能源消费国、最大的煤炭生产国与消费国、最大的电力生产国与消费国，同时也是第一大石油进口国（占世界的 15.2%）、第二大天然气进口国。中国还拥有世界上最大的可再生能源电力装机和最多的在建核电项目，全世界在建核电站有 40% 在中国。

（一）中国可再生能源发展迅速

国际能源署报告说，得益于中国自2010年来取得的进步，全球可再生能源消费迅速增长。2015年，中国对全球可再生能源消费的贡献率达到30%。其中，全球太阳能消费的50%来自中国，其次是美国和德国，分别为10%和7%。自2010年开始，中国大规模推广天然气、液化石油气和沼气等，生物质燃料的使用率每年降低6%，拉动了亚洲地区清洁烹饪普及率的提高。

报告预计，中国将继续作为可再生能源消费的领头羊，其可再生能源消费在全球的份额将从2015年的15%提高到2030年的20%。报告认为，随着一系列节能减排的重大措施陆续出台，中国工业大幅度降低对煤炭的使用，正在清理一批老旧低效、消耗煤炭的产能，降低排放，将会进一步促进能耗的降低。

（二）中国为全球节能作出了巨大贡献

国际能源署报告认为，中国为降低全球能耗作出了最大贡献，贡献率超过35%，高于美国的13%和印度的8%。这得益于中国政府采取的关键性政策和不断发展的新能源技术。其中，工业领域能耗降低最为显著，中国每年能效改善率超过3%，在发展中国家中首屈一指。

（三）中国在全球尤其是发展中国家进行了广泛的能源投资

中国在全球范围内进行了广泛的能源投资，特别是在非洲等地进行了大量的可再生能源项目投资。

2018年5月，国际能源署、国际可再生能源署、联合国统计司、世界银行等国际机构联合发布《追踪可持续发展目标七：能源进展情况报告》，从电力普及、清洁烹饪、能源效率和可再生能源四个方面对全球

2018 年，中国可再生能源发电量达 1.87 万亿千瓦时，可再生能源发电量占全部发电量比重为
26.7%。图为青海省新能源光伏基地。

能源消耗状况进行了总结。

　　报告肯定了中国在清洁能源、电力普及以及改善人民生活上取得的
巨大成就。报告估计，整个非洲大约 1/3 的新增电力供应都来自中国投
资的项目。埃塞俄比亚、肯尼亚、坦桑尼亚等国电力供应取得了强劲增
长，在 2010 年至 2016 年间，这些国家的电力普及率每年提高 3% 以上。
在这些非洲国家的能源基础设施建设中，中国的投资和中国参与的项目
发挥了重要作用。

　　2019 年 4 月，由中国电建承建的喀麦隆曼维莱水电站成功实现并
网发电。水电站位于喀麦隆南部大区，总投资 6.37 亿美元，总装机容量
211 兆瓦。该项目将有效缓解喀麦隆中部和南部大区电力紧张局面，对
于调整喀能源结构、加快经济发展、维护社会稳定、改善民生具有重大
作用。

　　中国电力技术装备有限公司（国家电网）承建的埃塞俄比亚—肯尼

亚直流联网输电线路工程，于 2016 年 8 月启动，投资总额达 14 亿美元，将在埃塞俄比亚和肯尼亚两国间搭建一条长 1045 千米、容量为 2000 兆瓦的电网，建成后可与乌干达、南苏丹等国家电网连通，实现东非国家电网互联互通。这是东部非洲电力高速联网的主干线路，也是东非区域电力互联规划的重要工程之一。

根据波士顿大学全球发展政策研究中心的数据，中国国有开发银行 2017 年向世界各地能源项目提供的 256 亿美元贷款中，有 68 亿流向了非洲国家，占贷款总额的近 1/3。其数据还显示，发电和输电是接受中国贷款最多的领域，在贷款总额中，这个部分占到 223 亿美元，而 2017 年中国向非洲提供的 68 亿美元贷款全部用于电力项目。

中国目前正参与包括非洲在内的世界各地众多水电项目和各大洲电网的互联互通项目。中国的参与不仅大大缓解了当地的电力短缺，还极大降低了当地电力价格。

二、中国方案对世界能源安全治理的重要意义

中国运营着世界上最大的电力网络。同时，中国也是世界上最大的发展中国家，能源生产、传输与消费需要覆盖庞大的城市群与广大的乡村，涉及复杂的地理与地质环境。中国在能源资源相对贫乏的条件下，最大程度确保了能源系统的安全性。因此，中国在能源供给保障、传输网络建设与终端消费可及性方面的成功经验与复杂的解决方案，值得其他国家借鉴。

中国对世界能源安全发挥了重要的作用。中国提供的解决方案，无论是国内的解决普遍服务能力建设，还是对外的能源项目投资、资源收购、能源基础设施建设，都是对世界能源安全的重要贡献。中国能源的

发展将给世界各国带来更多的发展机遇，将给国际市场带来广阔的发展空间，将为世界能源安全与稳定作出积极的贡献[①]。因此，总结世界能源安全的中国方案，将对世界尤其是相关国家有重要意义。

中国提供给世界的能源安全方案，是中国致力于人类命运共同体建设的重要体现和组成部分。世界能源安全的中国方案，概括起来，表现在以下几个方面：

（一）建设强大、稳健和经济的能源供给体系

中国的能源供给体系，是世界上最庞大和最复杂的。首先，中国能源供给体系涉及所有能源品种和能源形式，每一种能源形式的供给几乎

在海拔 5200 多米高的西藏自治区山南市浪卡子县，电力工人正在施工作业。

---

① 国务院新闻办公室：《中国的能源状况与政策》，2007 年 12 月。

都是世界上最大的。中国能源供给体系由油气体系、水电、火电、核电、可再生能源电力、煤炭、供热组成；电力系统从特高压、超超临界到农村低压电网一应俱全，而且要在广大的国土面积上覆盖世界最大的人口总量和最多的城市群，穿越雪域高原、大漠戈壁、边疆海岛、高山深谷等极限自然条件。要完成这样艰巨的任务，能源供给体系势必要经受各种各样极限的挑战，要具有足够的稳健性和恢复能力。因此，中国的能源供给体系，几乎涵盖了世界各国可能遇到的各种各样的问题。

（二）推动能源消费革命，实现低碳高效能源目标

中国的能源需求总量巨大、具体要求多种多样，因此中国节能的任务尤其繁重。每个百分点的节能，都能带来巨大的效益。中国从工业节能、交通节能、建筑节能、电器节能到广义节能，探索了不同类型的节能方案，也探索了各种灵活用能模式。

（三）推动能源绿色转型，建设生态文明

中国过去 40 多年创造了经济发展奇迹，也付出了生态环境损害的代价。这一点，中国比其他国家有更直接的感受。因此，向绿色能源的转型，实现经济、社会的可持续发展，在中国尤其迫切。习近平总书记根据全面建设小康社会的需求和实现伟大民族复兴的光荣使命，提出建设生态文明的发展思想和理念。中国从供给侧到需求侧，积极探索各种形式的能源绿色转型路径，努力实现污染物减排和温室气体减排，将为世界提供成系列的实践案例。

（四）合作共赢，共建能源人类命运共同体

人类命运共同体理念鲜明地回答了"建设一个什么样的世界、如何

建设这个世界"这一关乎人类前途命运的重大问题。能源合作是人类命运共同体的重要内容。中国依据人类命运共同体理念提出的国际能源合作方案和具体措施，充分考虑能源生产国、过境国和消费国的利益诉求，结合"一带一路"倡议和世界能源安全治理机制，为各国通过能源合作实现共同能源安全目标提供了切实可行的方案。

第二章
中国方案（一）：建设强大、稳健和经济的能源供给体系

2014 年 6 月 13 日，习近平总书记主持召开中央财经领导小组第六次会议，研究中国能源安全战略。习近平强调，"能源安全是关系国家经济社会发展的全局性、战略性问题，对国家繁荣发展、人民生活改善、社会长治久安至关重要。面对能源供需格局新变化、国际能源发展新趋势，保障国家能源安全，必须推动能源生产和消费革命。"

能源快速发展有力支撑了中国经济的高速增长。1978—2017 年间，中国一次能源消费量、能源生产量、发电装机容量及全社会用电量年均分别增长 5.4%、4.6%、9.2% 和 8.6%。同期，中国国内生产总值（GDP）由 1978 年的 3679 亿元快速增长到 2017 年的 824828 亿元，按不变价格计算，增长了 34.5 倍，年均增长 9.5%。中国能源及电力消费总量的快速增长，有力地支撑了经济社会的高速发展 [1]。

---

① 肖新建：《改革开放 40 年能源发展成就报告——改革开放 40 年能源发展：从跟随到引领》，中国能源网 2018 年 11 月 13 日，https://www.china5e.com/energy/news-1044510-1.html。

第一节
中国能源现状与挑战

中国能源资源与供给体系的特点，综合体现了世界各国在能源问题上可能遇到的各种复杂困难。因此，中国能源发展的历程与经验，对世界上多数国家都有很强的借鉴意义。

一、能源资源基本特点

根据 2007 年发布的《中国的能源状况与政策》白皮书，中国能源资源有以下特点：

——能源资源总量比较丰富。中国拥有较为丰富的化石能源资源。其中，煤炭占主导地位。已探明的石油、天然气资源储量相对不足，油页岩、煤层气等非常规化石能源储量潜力较大。中国拥有较为丰富的可再生能源资源。水力资源理论蕴藏量折合年发电量为 6.19 万亿千瓦时，经济可开发年发电量约 1.76 万亿千瓦时，相当于世界水力资源量的 12%，列世界首位。

——人均能源资源拥有量较低。中国人口众多，人均能源资源拥有量在世界上处于较低水平。煤炭和水力资源人均拥有量相当于世界平均水平的 50%，石油、天然气人均资源量仅为世界平均水平的 1/15 左右。耕地资源不足世界人均水平的 30%，制约了生物质能源的开发。

——能源资源赋存分布不均衡。中国能源资源分布广泛但不均衡。煤炭资源主要赋存在华北、西北地区，水力资源主要分布在西南地区，石油、天然气资源主要赋存在东、中、西部地区和海域。中国主要的能源消费地区集中在东南沿海经济发达地区，资源赋存与能源消费地域存在明显差别。大规模、长距离的北煤南运、北油南运、西气东输、西电东送，是中国能源流向的显著特征和能源运输的基本格局。

——能源资源开发难度较大。与世界相比，中国煤炭资源地质开采条件较差，大部分储量需要井工开采，极少量可供露天开采。石油天然气资源地质条件复杂，埋藏深，勘探开发技术要求较高。未开发的水力

正在建设中的"西电东送"重点工程白鹤滩水电站，它是目前全球规模最大的在建水电项目，建成后将成为仅次于三峡工程的世界第二大水电工程。

资源多集中在西南部的高山深谷，远离负荷中心，开发难度和成本较大。非常规能源资源勘探程度低，经济性较差，缺乏竞争力。

二、主要挑战

随着中国经济的较快发展和工业化、城镇化进程的加快，能源需求不断增长，构建稳定、经济、清洁、安全的能源供应体系面临着重大挑战，突出表现在以下几方面：

——资源约束突出，能源效率偏低。中国优质能源资源相对不足，制约了供应能力的提高；能源资源分布不均，增加了持续稳定供应的难度；经济增长方式粗放、能源结构不合理、能源技术装备水平低和管理水平相对落后，导致单位国内生产总值能耗和主要耗能产品能耗高于主要能源消费国家平均水平，进一步加剧了能源供需矛盾。单纯依靠增加能源供应，难以满足持续增长的消费需求。

——能源消费以煤为主，环境压力加大。煤炭是中国的主要能源，以煤为主的能源结构在未来相当长时期内难以改变。相对落后的煤炭生产方式和消费方式，加大了环境保护的压力。煤炭消费是造成煤烟型大气污染的主要原因，也是温室气体排放的主要来源。随着中国机动车保有量的迅速增加，部分城市大气污染已经变成煤烟与机动车尾气混合型。这种状况持续下去，将给生态环境带来更大的压力。

——市场体系不完善，应急能力有待加强。中国能源市场体系有待完善，能源价格机制未能完全反映资源稀缺程度、供求关系和环境成本。能源资源勘探开发秩序有待进一步规范，能源监管体制尚待健全。煤矿生产安全欠账比较多，电网结构不够合理，石油储备能力不足，有效应对能源供应中断和重大突发事件的预警应急体系有待进一步完善和加强。

第二节
依托国内外两种资源，建立资源保障

中国能源发展坚持立足国内的基本方针和对外开放的基本国策，以国内能源的稳定增长，保证能源的稳定供应，促进世界能源的共同发展[①]。

一、充分利用国内能源资源

立足国内资源是中国能源发展的基本方针。中国作为拥有 14 亿人口的大国，巨大的能源需求在总体上必然要依靠国内资源，国际资源是对国内资源的结构调整与优化，而不能取代国内资源成为主体。历史上，中国一直主要依靠国内增加能源供给，通过稳步提高国内安全供给能力，不断满足能源市场日益增长的需求。

可以说，中国能源战略的重要任务之一，就是在国内现有资源能力和潜力的背景下，通过能源供给保障和能源生产结构的优化，实现经济、社会与环境多赢的发展目标。

---

① 国务院新闻办公室：《中国的能源状况与政策》，2007 年 12 月。

（一）基础方针

长期以来，中国主要依靠本国能源资源发展经济，能源自给率一直保持在90%以上，远远高于多数发达国家。在全面建设小康社会的进程中，中国首先立足于国内能源资源，着重优化能源结构，努力提高供应能力。

2007年发布的《中国的能源状况与政策》白皮书指出：中国能源资源的开发潜力较大。煤炭已发现的资源量仅占资源蕴藏量的13%，可采储量占已发现资源量的40%。水力资源开发利用程度仅为20%。石油资源探明程度为33%，开始进入勘探中期，仍有较大潜力。天然气资源探明程度为14%，处于勘探早期，资源前景广阔。非常规能源资源尚处于开发利用初期，开发潜力较大。可再生能源开发利用刚刚起步，发展空间很大。资源节约、综合利用和循环利用等方面，也存在着很好的前景。

近年来，中国对以国内资源为主的能源政策进行了一些调整，但是总体上这一方针并没有变。随着2014年之后经济新常态概念的提出，中国对长期能源需求的预期已经恢复到了比较正常的水平，对钢铁、建材、有色金属等与大规模建设有关的高耗能产品需求在长期内将会趋于平稳甚至下降。通过国内资源，包括常规化石能源（煤炭、石油、天然气）和非常规化石能源（页岩油气、煤层气等），可再生能源，水电，核电，氢能等，与进口石油、天然气、煤炭、醇醚燃料等之间的优化与配合，以国内资源为依托的能源政策还将持续下去。

伴随着中国传统化石能源资源的逐渐消耗，非常规油气和可再生能源资源将在未来能源组合中扮演更重要的角色。

（二）优化使用国内能源资源

中国长期使用国内常规能源资源作为能源供给的主体。中国建立了世界上规模最大的电力生产体系，拥有世界第一的燃煤火电装机容量、世界最大的水电装机容量和世界一流的水电技术、电网调控技术。中国是世界第四大石油生产国（2017 年）。

随着中国对能源需求的快速增长，过度依赖煤炭资源的能源结构将会导致严重的环境污染和地质与生态损害、过高的温室气体排放。同时，水电的开发也存在环境影响的问题。

中国正在对传统的以煤炭为主的能源结构进行优化调整，除继续加大常规和非常规油气勘探之外，在可再生能源成本逐步下降的背景下，从以煤炭为主向煤炭、石油、天然气、水电、核电、可再生能源综合优化的能源结构转变。目前，中国已经建成世界上最大的风电装机容量、最多的光伏发电装机容量、最多的太阳能热水器安装。同时，中国也拥有世界上最多的在建核电项目。

1. 常规化石能源资源情况

（1）煤炭资源

中国煤炭资源丰富、种类齐全、煤品较好，开发条件中等；煤炭资源分布广泛，资源储量相对集中，以大型矿区为主，空间分布体现为北多南少、西多东少的特点。根据自然资源部发布的《2017 中国土地矿产海洋资源统计公报》，截至 2016 年底，全国煤炭查明资源储量为 15980 亿吨。

（2）石油资源

根据《2017 年度全国石油天然气资源勘查开采情况通报》，截至 2017 年底，全国石油累计探明地质储量 389.65 亿吨，剩余技术可采储量 35.42 亿吨。东部和海域的石油资源主要分布在新生界和中生界，西部的叠合盆地发育多个构造层，石油资源从古生界到新生界都有分布，主要分布在松辽、渤海湾、鄂尔多斯、塔里木、准格尔、珠江口等盆地。

截至 2017 年底，中国石油剩余经济可采储量 25.33 亿吨，2017 年产

新疆塔里木盆地是中国最大的含油气沉积盆地，已探明油气资源总量约 160 亿吨油当量。图为塔里木油田克拉 2 气田。

量为 1.92 亿吨，储采比为 13，而世界石油储采比为 50.3，与世界相比，中国的储采比明显偏低。

（3）天然气资源

截至 2017 年底，全国累计探明天然气地质储量 14.22 万亿立方米，剩余技术可采储量 5.52 万亿立方米。中国天然气可采资源量约占世界的 9%，天然气资源相对丰富。

中国的天然气资源主要分布在塔里木、鄂尔多斯、四川、松辽、东海 5 个盆地，评价可采资源量合计占全国的 76.0%，其中西部地区三大盆地占比近 2/3。截至 2017 年底，中国天然气剩余经济可采储量为 3.91 万亿立方米，2017 年产量为 1330 亿立方米，储采比为 29，低于世界平均储采比 52.8。相对于石油，中国天然气具有较快发展的储量基础。

2. 非常规化石能源资源情况

中国非常规油气资源潜力较大，气资源禀赋优于油。

（1）煤层气资源

煤层气地质条件复杂，探明地质储量主要分布在山西。煤层含气量总体较高，煤层渗透率较低，储层物性非均质性强，高、低煤级煤层气资源比例较大，深层煤层气资源量大，构造煤层气发育，且分布广泛。

中国深埋小于 2000 米的煤层气资源约为 36.81 万亿立方米，1000 米以浅可采资源量 10.87 万亿立方米。煤层气地质资源量与中国陆上常规天然气资源量 38 万亿立方米基本相当。根据国际能源署估计，中国煤层气资源量居世界第三。

截至 2015 年底，全国累计探明煤层气地质储量 6292.69 亿立方米、技术可采储量 3167.41 亿立方米、经济可采储量 2612.88 亿立方米；剩余技术可采储量 3062.46 亿立方米，剩余经济可采储量 2507.93 亿立方米。煤层气探明地质储量主要分布在山西省，占 90.1%，其次是陕西省占 7.5%，辽宁省占 0.9%，安徽省占 0.5%。

（2）页岩油气资源

页岩气发育层系多，地质调查度低。全国页岩气地质资源量 134 万亿立方米，可采资源量 25 亿立方米；截至 2017 年，累计探明地质储量 9168 亿立方米。

油页岩资源查明率低，品质不高。全国潜力评价结果显示，油页岩地质资源量 12261 亿吨，折算成油页岩油资源量为 701 亿吨。截至 2015 年，查明资源储量为 1290.16 亿吨，折算成油页岩油资源量为 77 亿吨。中国油页岩主要分布在吉林、辽宁抚顺、广东茂名、山东龙口、甘肃窑街等地，但页岩油资源勘查工作程度总体较低，资源家底不清。

3. 铀矿资源

铀矿资源勘查程度低，品位不高。全国累计探明铀矿床 350 余个，总体上分布广泛，但相对集中。已探明铀矿床分布于 23 个省区，已查

重庆市涪陵页岩气田是中国第一个实现商业开发的页岩气田，2017年建成100亿立方米年产能，对于促进中国能源结构调整具有重要意义。

明的铀资源储量有75%分布于内蒙古、江西、新疆、广东、湖南5个省区[1]。

4. 可再生能源

中国可再生能源资源十分丰富。据统计，全国每年陆地接收的太阳辐射总量，相当于24000亿吨标煤，全国总面积2/3地区年日照时间超过2000小时，特别是西北一些地区超过3000小时。风能也是中国的一大资源。据国家气象局资料，中国离地10米高的风能资源总储量约为32.26亿千瓦，可开发利用风能储量约10亿千瓦。中国水资源也十分丰沛，拥有300多万平方公里海域，水能资源理论蕴藏量近7亿千瓦，占中国常

---

[1] 中国地质调查局：《中国能源资源报告》，http://www.cgs.gov.cn/ddztt/cgs100/bxcg/fwgj/201611/P020161125577066113658.pdf。

规能源资源量的40%。截至2019年底，中国水电总装机容量约3.56亿千瓦，居世界第一。

二、利用国际资源，优化资源保障结构

中国已经成为世界第二大经济体，同时也是最大的商品出口国，中国的经济活动是世界经济的重要组成部分。如果过度强调依托国内资源，包括能源资源，就会导致国内资源过快消耗，并增加经济的总体运行成本。

在国内石油资源难以有新的重大发现、煤炭资源逐步消耗、天然气储量未有大幅增长、页岩气开发成本仍然较高的情况下，合理利用国际能源，可以实现中国能源组合的优化，有效降低整体能源成本，缓解能源开采、生产和消费过程对环境的巨大压力，有助于中国经济更为平衡地发展。同时，也有利于共同促进全球能源可持续发展，维护全球能源安全。

（一）进口能源资源有效支撑中国能源供给

面对能源需求不断增长的压力，中国积极开展能源国际合作，取得了明显成效，能源净进口快速增长，品种逐步实现多元优化，对保证能源供应稳定充足、扩充能源储备、有效应对国际能源市场波动起到了积极作用。

根据国家统计局数据，2017年，中国能源净进口总量8.7亿吨标准煤，比1997年增长41.2倍，年均增长20.6%。品种逐步实现多元优化。分品种看，原煤自2009年开始净进口，2017年净进口2.6亿吨，比2009年增长1.4倍，年均增长11.6%；原油自1996年开始净进口，2017年净进口4.1亿吨，比1996年增长186.3倍，年均增长28.3%；天然气自2007

年开始净进口，2017 年净进口 911 亿立方米，比 2007 年增长 63.2 倍，年均增长 51.6%。

国际合作取得积极成效。2017 年，进口能源占总消费的比重由 1997 年的 1.5% 提高到 19.4%，呈现逐渐提高态势。分品种看，原煤由 2009 年的 3.4% 提高到 6.8%，原油由 1996 年的 1.4% 提高到 69.1%，天然气由 2007 年的 2.0% 提高到 38.2%。

近年来，在各项节能降耗政策措施的作用下，中国坚持立足国内，全方位加强能源国际合作，"一带一路"能源合作务实推进，油气进口能力稳步提高，品种继续优化，进一步提升了能源保障质量、能力和水平。2017 年与 2012 年相比，中国能源净进口总量年均增长 7.3%，其中，原煤年均下降 1.2%，原油年均增长 9.1%，天然气年均增长 18.4%[①]。

（二）进口来源日益多元化

为改善能源安全状况，中国一直坚持能源进口多元化原则。以石油进口为例，中国从中东进口原油比重正在下降，从俄罗斯、美国进口原油比重正在进一步增加。近年来，中国与美国、俄罗斯等国在能源领域的合作呈现出全方位、多层次、宽领域的良好格局，覆盖能源政策、石油、天然气等领域。尽管中美之间存在贸易摩擦，但是从长期来看，中美能源合作的前景依然广阔。

根据海关总署数据，2017 年，中国原油进口前五大来源国分别是俄罗斯、沙特阿拉伯、安哥拉、伊拉克和伊朗，进口份额占比分别为 14.24%、12.43%、11.11%、8.78% 和 7.42%。

---

① 国家统计局：《能源发展成就瞩目 节能降耗效果显著——改革开放 40 年经济社会发展成就系列报告之十二》，2018 年 9 月 11 日，http://www.stats.gov.cn/ztjc/ztfx/ggkf40n/201809/t20180911_1622051.html。

　　天然气方面，根据中国商务部和海关总署数据[1]，中国液化天然气进口主要来自澳大利亚、卡塔尔、马来西亚和印度尼西亚，2009—2017 年，中国自这四个国家的天然气进口总占比基本保持在 80% 左右。其中，澳大利亚为第一大进口来源国，2017 年占中国 LNG 进口的 45.4%，卡塔尔占 19.6%，马来西亚、印度尼西亚分别占 11% 和 8%。在管道天然气方面，2010—2012 年中国管道天然气进口几乎全部来自土库曼斯坦，2013 年以后陆续有乌兹别克斯坦、哈萨克斯坦、缅甸的天然气通过管道进入中国。2017 年中国进口自土库曼斯坦的天然气占同期管道天然气进口总量的 80.5%，来自乌兹别克斯坦、缅甸、哈萨克斯坦的管道天然气分别占 8.5%、

正在建设中的中国—中亚天然气管道，它是世界上最长的天然气管道，全长约 10000 公里。项目全面竣工后，在 30 年的运营期内，每年将从中亚地区向中国稳定输送约 300 亿立方米的天然气。

---

① 童莉霞、丛思雨：《加速构筑天然气境外供应安全体系》，中国产业经济信息网 2018 年 5 月 1 日，http://www.cinic.org.cn/hy/ny/432681.html。

8.4% 和 2.7%。

2018 年，中国继续保持世界第一大煤炭进口国地位，也是全球煤炭市场变化的主导因素。中国煤炭经济研究会发布数据，2018 年全球煤炭贸易量达 14 亿吨左右，中国约占 20%。中国海关总署数据显示，2018 年中国煤炭累计进口 2.81 亿吨，同比增加 1050 万吨，增长 3.9%；煤炭出口 493.4 万吨，同比下降 39%。从进口来源国看，中国的煤炭进口主要来自印度尼西亚、澳大利亚、蒙古、俄罗斯和菲律宾等五国，合计进口煤炭 27416 万吨，占总进口量的 97.5%[①]。

---

① 徐金巾：《我国成全球煤炭市场变化主导因素》，中国电力新闻网 2019 年 2 月 18 日，http://www.cpnn.com.cn/zdyw/201902/t20190218_1121415.html。

第三节
强大而稳健的生产体系

---

20 世纪 70 年代末实行改革开放以来，中国能源生产由弱到强，实现大发展，生产能力大幅提升，初步形成了煤、油、气、可再生能源多轮驱动的能源生产体系，基础保障作用显著增强，已成为世界能源生产第一大国。

一、能源生产实现大发展，基础保障作用显著增强

根据国家统计局数据[1]，1978 年，中国能源生产总量仅为 6.3 亿吨标准煤，2017 年则达到 35.9 亿吨标准煤，比 1978 年增长 4.7 倍，年均增长 4.6%。

各品种能源生产全面发展。2017 年，原煤产量 35.2 亿吨，比 1980 年增长 4.7 倍，年均增长 4.8%；原油产量 1.9 亿吨，增长 0.8 倍，年均

---

[1] 国家统计局：《能源发展成就瞩目 节能降耗效果显著——改革开放 40 年经济社会发展成就系列报告之十二》，国家统计局网站 2018 年 9 月 11 日，http://www.stats.gov.cn/ztjc/ztfx/ggkf40n/201809/t20180911_1622051.html。

增长 1.6%；天然气产量 1480 亿立方米，增长 9.4 倍，年均增长 6.5%；
一次电力产量 1.8 万亿千瓦时，增长 30.5 倍，年均增长 9.8%。

品种结构逐步向清洁化转变。受中国能源资源禀赋"多煤少油缺
气"特点的影响，原煤占能源生产总量的比重始终保持第一，基本维持
在 70%~80% 之间，2017 年下降到 69.6%；原油占比在波动中持续下降，
由 1978 年的 23.7% 下降到 2017 年的 7.6%；天然气、一次电力及其他
能源等清洁能源占比持续提高，天然气由 1978 年的 2.9% 提高到 2017
年的 5.4%，一次电力及其他能源由 1978 年的 3.1% 提高到 2017 年的
17.4%，分别提高 2.5 和 14.3 个百分点。

近几年来，随着能源供给侧结构性改革的持续推进，中国能源生产进
一步加快发展，结构由以原煤为主加速向多元化、清洁化转变，发展动力
由传统能源加速向新能源转变。2017 年与 2012 年相比，原煤、原油等传
统能源生产明显放缓，占比大幅下降：原煤产量年均下降 2.2%，占能源生
产总量比重下降 6.6 个百分点；原油产量年均下降 1.6%，占比下降 0.9 个
百分点。天然气、水电、核电、新能源（风电、太阳能及其他能源）等清
洁能源加速发展，占比大幅提高：天然气产量年均增长 6.0%，占比提高 1.3
个百分点；一次电力及其他能源产量年均增长 9.7%，占比提高 6.2 个百分点。

二、继续提高能源自主保障能力 [①]

作为有着 14 亿人口的世界第二大经济体，中国仍然把立足国内、
加强能源供应能力建设、不断提高自主控制能源对外依存度的能力，作
为基本的能源供给侧政策。

---

① 国家发展改革委、国家能源局：《能源发展战略行动计划（2014—2020 年）》。

（一）推进煤炭清洁高效开发利用

中国按照安全、绿色、集约、高效的原则，加快发展煤炭清洁开发利用技术，不断提高煤炭清洁高效开发利用水平。

清洁高效发展煤电。转变煤炭使用方式，着力提高煤炭集中高效发电比例。提高煤电机组准入标准。新建燃煤发电机组供电煤耗须低于每千瓦时 300 克标准煤，污染物排放须接近燃气机组排放水平。

推进煤电大基地大通道建设。依据区域水资源分布特点和生态环境承载能力，严格煤矿环保和安全准入标准，推广充填、保水等绿色开采技术，重点建设晋北、晋中、晋东、神东、陕北、黄陇、宁东、鲁西、两淮、云贵、冀中、河南、内蒙古东部、新疆等 14 个亿吨级大型煤炭基地。计划到 2020 年，基地产量占全国的 95%。采用最先进节能节水环保发电技术，重点建设锡林郭勒、鄂尔多斯、晋北、晋中、晋东、陕北、哈密、准东、宁东等 9 个千万千瓦级大型煤电基地。发展远距离大容量输电技术，扩大西电东送规模，实施北电南送工程。加强煤炭铁路运输通道建设，重点建设内蒙古西部至华中地区的铁路煤运通道，完善西煤东运通道。计划到 2020 年，全国煤炭铁路运输能力达到 30 亿吨。

提高煤炭清洁利用水平。制定和实施煤炭清洁高效利用规划，积极推进煤炭分级分质梯级利用，加大煤炭洗选比重，鼓励煤矸石等低热值煤和劣质煤就地清洁转化利用。建立健全煤炭质量管理体系，加强对煤炭开发、加工转化和使用过程的监督管理。加强进口煤炭质量监管。大幅减少煤炭分散直接燃烧，鼓励农村地区使用洁净煤和型煤。

（二）稳步提高国内石油产量

中国坚持陆上和海上并重，巩固老油田，开发新油田，突破海上油田，大力支持低品位资源开发，建设大庆、辽河、新疆、塔里木、胜利、长庆、

目前全球油气的 40% 来自海洋，而中国海洋油气产量只占到 26%。因此，中国海洋油气开发仍处于早中期阶段，产业潜力较大。图为中国最大的海上油田——渤海绥中 36-1 油田。

渤海、南海、延长等 9 个千万吨级大油田。

稳定东部老油田产量。以松辽盆地、渤海湾盆地为重点，深化精细勘探开发，积极发展先进采油技术，努力增储挖潜，提高原油采收率，保持产量基本稳定。

实现西部增储上产。以塔里木盆地、鄂尔多斯盆地、准噶尔盆地、柴达木盆地为重点，加大油气资源勘探开发力度，推广应用先进技术，努力探明更多优质储量，提高石油产量。加大羌塘盆地等新区油气地质调查研究和勘探开发技术攻关力度，拓展新的储量和产量增长区域。

加快海洋石油开发。按照以近养远、远近结合，自主开发与对外合作并举的方针，加强渤海、东海和南海等海域近海油气勘探开发，加强南海深水油气勘探开发形势跟踪分析，积极推进深海对外招标和合作，尽快突破深海采油技术，提高装备自主制造能力，大力提升海洋油气产量。

大力支持低品位资源开发。开展低品位资源开发示范工程建设，鼓励难动用储量和濒临枯竭油田的开发及市场化转让，支持采用技术服务、工程总承包等方式开发低品位资源。

（三）大力发展天然气

中国按照陆地与海域并举、常规与非常规并重的原则，加快常规天然气增储上产，尽快突破非常规天然气发展瓶颈，促进天然气储量、产量快速增长。

加快常规天然气勘探开发。以四川盆地、鄂尔多斯盆地、塔里木盆地和南海为重点，加强西部低品位、东部深层、海域深水三大领域科技攻关，加大勘探开发力度，力争获得大突破、大发现，努力建设8个年产量百亿立方米级以上的大型天然气生产基地。计划到2020年，累计新增常规天然气探明地质储量5.5万亿立方米，年产常规天然气1850亿立方米。

重点突破页岩气和煤层气开发。加强页岩气地质调查研究，加快"工厂化""成套化"技术研发和应用，探索形成先进适用的页岩气勘探开发技术模式和商业模式，培育装备制造自主创新能力。着力提高四川长宁—威远、重庆涪陵、云南昭通、陕西延安等国家级示范区储量和产量规模，同时争取在湘鄂、云贵和苏皖等地区实现突破。到2020年，页岩气产量力争超过300亿立方米。以沁水盆地、鄂尔多斯盆地东缘为重点，加大支持力度，加快煤层气勘探开采步伐。到2020年，煤层气产量力争达到300亿立方米。

积极推进天然气水合物（可燃冰）资源勘查与评价。加大天然气水合物勘探开发技术攻关力度，培育具有自主知识产权的核心技术，积极推进试采工程。

（四）积极发展能源替代

中国坚持煤基替代、生物质替代和交通替代并举的方针，科学发展石油替代。计划到 2020 年，形成石油替代能力 4000 万吨以上。

稳妥实施煤制油、煤制气示范工程。按照清洁高效、量水而行、科学布局、突出示范、自主创新的原则，以新疆、内蒙古、陕西、山西等地为重点，稳妥推进煤制油、煤制气技术研发和产业化升级示范工程，掌握核心技术，严格控制能耗、水耗和污染物排放，形成适度规模的煤基燃料替代能力。

积极发展交通燃油替代。加强先进生物质能技术攻关和示范，重点发展新一代非粮燃料乙醇和生物柴油，超前部署微藻制油技术研发和示范。加快发展纯电动汽车、混合动力汽车和船舶、天然气汽车和船舶，扩大交通燃油替代规模。

（五）加强储备应急能力建设

完善能源储备制度，建立国家储备与企业储备相结合、战略储备与生产运行储备并举的储备体系，建立健全国家能源应急保障体系，提高能源安全保障能力。

扩大石油储备规模。建成国家石油储备二期工程，启动三期工程，鼓励民间资本参与储备建设，建立企业义务储备，鼓励发展商业储备。

提高天然气储备能力。加快天然气储气库建设，鼓励发展企业商业储备，支持天然气生产企业参与调峰，提高储气规模和应急调峰能力。

建立煤炭稀缺品种资源储备。鼓励优质、稀缺煤炭资源进口，支持企业在缺煤地区和煤炭集散地建设中转储运设施，完善煤炭应急储备体系。

完善能源应急体系。加强能源安全信息化保障和决策支持能力建设，逐步建立重点能源品种和能源通道应急指挥和综合管理系统，提升预测预警和防范应对水平。

三、推动能源生产革命，构建清洁低碳新体系

针对中国能源资源保障能力出现新变化、可再生能源技术日益成熟、环境保护压力增大等方面的新情况，中国自2014年起开始推动能源革命，包括生产革命、消费革命、技术革命和体制革命。在国际化石能源供给相对宽松、国内经济新常态下能源需求增速趋缓的有利条件下，推动能源生产革命具备了前所未有的可行性，同时也是减轻环境污染、建设生态文明的必然要求。在国家发展改革委和国家能源局制定的《能源生产和消费革命战略（2016—2030）》中，对能源生产革命作出了规划。

推动能源生产革命的指导方针是：立足资源国情，实施能源供给侧结构性改革，推进煤炭转型发展，提高非常规油气规模化开发水平，大力发展非化石能源，完善输配网络和储备系统，优化能源供应结构，形成多轮驱动、安全可持续的能源供应体系。

中国能源生产革命战略规划的要点如下：

（一）推动煤炭清洁高效开发利用

煤炭是中国主体能源和重要工业原料，支撑了中国经济社会的快速发展，还将长期发挥重要作用。实现煤炭转型发展是中国能源转型发展的立足点和首要任务。

　　实现煤炭集中使用。多种途径推动优质能源替代民用散煤，大力推广煤改气、煤改电工程。制定更严格的煤炭产品质量标准，逐步减少并全面禁止劣质散煤直接燃烧，大力推进工业锅炉、工业窑炉等治理改造，降低煤炭的终端分散利用比例，推动实现集中利用、集中治理。

　　大力推进煤炭清洁利用。建立健全煤炭质量管理体系，完善煤炭清洁储运体系，加强煤炭质量全过程监督管理。不断提高煤电机组效率，降低供电煤耗，全面推广世界一流水平的能效标准。加快现役煤电机组升级改造，新建大型机组，采用超临界等最先进的发电技术，建设高效、超低排放煤电机组，推动实现燃煤电厂主要污染物排放基本达到燃气电厂排放水平，建立世界最清洁的煤电体系。结合棚户区改造等城镇化建设，发展热电联产。在钢铁、水泥等重点行业以及锅炉、窑炉等重点领

2018年，中国煤电机组累计完成超低排放改造7亿千瓦以上，占全部煤电机组75%以上。中国已建成全球最大的清洁煤电供应体系。图为山东省邹城市华电国际电力股份有限公司邹县发电厂超低排放改造后的厂貌。

域推广煤炭清洁高效利用技术和设备。按照严格的节水、节能和环保要求，结合生态环境和水资源承载能力，适度推进煤炭向深加工方向转变，探索清洁高效的现代煤化工发展新途径，适时开展现代煤化工基地规划布局，提高石油替代应急保障能力。

促进煤炭绿色生产。严控煤炭新增产能，做好新增产能与化解过剩产能衔接，完善煤矿正常退出机制，实现高质量协调发展。实施煤炭开发利用粉尘综合治理，限制高硫、高灰、高砷、高氟等煤炭资源开发。强化矿山企业环境恢复治理责任，健全采煤沉陷区防治机制，加快推进历史遗留重点采煤沉陷区综合治理。统筹煤炭与煤层气开发，提高煤矸石、矿井水、煤矿瓦斯等综合利用水平。加强煤炭洗选加工，提高煤炭洗选比例。促进煤炭上下游、相关产业融合，加快煤炭企业、富煤地区、资源枯竭型城市转产转型发展。

（二）实现增量需求主要依靠天然气与可再生能源等清洁能源

大力发展清洁能源，大幅增加生产供应，是优化能源结构、实现绿色发展的必由之路。推动清洁能源成为能源增量主体，开启低碳供应新时代。

推动非化石能源跨越式发展。坚持分布式和集中式并举，以分布式利用为主，推动可再生能源高比例发展。大力发展风能、太阳能，不断提高发电效率，降低发电成本，实现与常规电力同等竞争。因地制宜选择合理技术路线，广泛开发生物质能，加快生物质供热、生物天然气、农村沼气发展，扩大城市垃圾发电规模。创新开发模式，统筹水电开发经济效益、社会效益和环境效益。在具备条件的城市和区域，推广开发利用地热能。开展海洋能等其他可再生能源利用的示范推广。采用中国和国际最新核安全标准，安全高效发展核电，做好核电厂址保护，优化整合核电堆型，稳妥有序推进核电项目建设，加强铀资源地质勘查，实行保护性开采政策，规划建设核燃料生产、乏燃料后处理厂和放射性废物处置场。

积极推动天然气国内供应能力倍增发展。加强天然气勘查开发，建设四川、新疆等天然气生产供应区，加快推动鄂尔多斯盆地、沁水盆地与新疆等地区不同煤阶煤层气，以及四川盆地及外围、中下扬子地区、北方地区页岩气勘查开发，推动煤层气、页岩气、致密气等非常规天然气低成本规模化开发，稳妥推动天然气水合物试采。处理好油气勘查开发过程中的环境问题，严格执行环保标准，加大水、土、大气污染防治力度。

推动分布式能源成为重要的能源利用方式。在具备条件的建筑、产业园区和区域，充分利用分布式天然气、分布式可再生能源，示范建设相对独立、自我平衡的个体能源系统。根据分布式能源供应情况，合理布局产业集群，完善就近消纳机制，推动实现就地生产、就地消费。

（三）推进能源供给侧管理

坚持严控能源增量、优化存量，着力提升能源供给质量和效率，扩大有效供给，合理控制能源要素成本，增强供给的适应性和灵活性。

建立健全能源生产、配送、交易管理市场化制度，推动能源优质优供，引导能源消费升级。完善产能退出机制，加快淘汰能源领域落后产能。分级分类建立能源产品标准体系并逐步完善提高，严禁不合格能源生产和交易使用。通过技术进步降低清洁能源成本，完善支持清洁能源发展的市场机制，建立健全生态保护补偿机制，推动化石能源外部环境成本内部化，合理确定煤炭税费水平。建立多元化成品油市场供应体系，实现原油、煤炭、生物质等原料的生产技术和产品的协同优化。优化能源系统运行，打造能源高效公平流动基础设施平台。建立能源基础设施公平性接入的有效监督机制，降低输配成本，提高能源供给效率。

（四）优化能源生产布局

综合考虑能源资源禀赋、水资源条件、生态环境承载力以及能源消费总量和强度"双控"等因素，科学确定能源重点开发基地，统筹能源生产与输送。

合理布局能源生产供应。东部地区，充分利用国内外天然气，发展核电、分布式可再生能源和海上风电，积极吸纳其他地区富余清洁能源，率先减煤。中部地区，大力发展分布式可再生能源，做好煤炭资源保护性开发，总体上降低煤炭生产规模，加快发展煤层气，建设区外能源输入通道及能源中转枢纽。西南地区，建设云贵川及金沙江等水电基地，大力发展川渝天然气，积极发展生物质能源，加快调整煤炭生产结构。西北地区，建设化石能源和可再生能源大型综合能源基地，保障全国能源平衡。东北地区，加快淘汰煤炭落后产能，大力发展新能源和可再生能源，实现供需平衡，完善国外能源输入通道。加快建设海上油气战略接续区，稳步推进海洋能开发利用。按照炼化一体化、装置规模化、产业园区化、产品清洁化的要求，优化石油炼化产业布局。

有效衔接能源开发地与输送网。实行能源优先就地平衡，尽量减少远距离大规模输送。结合全国能源生产供应布局，统筹多种能源输送方式，推进能源开发基地、加工转换基地与能源输送通道的同步规划、同步建设。加快能源输送网络转型，减少网络冗余，提高系统运行效率，扩大可再生能源有效利用，推动能源输送网络运营调度升级提效。

（五）全面建设"互联网+"智慧能源

促进能源与现代信息技术深度融合，推动能源生产管理和营销模式变革，重塑产业链、供应链、价值链，增强发展新动力。

推进能源生产智能化。鼓励风电、太阳能发电等可再生能源的智能化生产，推动化石能源开采、加工及利用全过程的智能化改造，加快开发先进储能系统。加强电力系统的智能化建设，有效对接油气管网、热力管网和其他能源网络，促进多种类型能流网络互联互通和多种能源形态协同转化，建设"源—网—荷—储"协调发展、集成互补的能源互联网。

建设分布式能源网络。鼓励分布式可再生能源与天然气协同发展，建设基于用户侧的分布式储能设备，依托新能源、储能、柔性网络和微网等技术，实现分布式能源的高效、灵活接入以及生产、消费一体化，依托能源市场交易体系建设，逐步实现能源网络的开放共享。

发展基于能源互联网的新业态。推动多种能源的智能定制，合理引导电力需求，鼓励用户参与调峰，培育智慧用能新模式。依托电子商务交易平台，实现能源自由交易和灵活补贴结算，推进虚拟能源货币等新型商业模式。构建基于大数据、云计算、物联网等技术的能源监测、管理、调度信息平台、服务体系和产业体系。

第四节
全覆盖的基础设施服务体系

《国民经济和社会发展第十三个五年（2016—2020）规划纲要》提出，要建设现代能源体系。其中，构建现代能源储运网络是非常重要的组成部分。按照"十三五"规划要求，中国正在统筹推进煤电油气多种能源输送方式发展，加强能源储备和调峰设施建设，加快构建多能互补、外通内畅、安全可靠的现代能源储运网络。加强跨区域骨干能源输送网络建设，建成蒙西—华中北煤南运战略通道，优化建设电网主网架和跨区域输电通道。加快建设陆路进口油气战略通道。推进油气储备设施建设，提高油气储备和调峰能力。

一、油气管网体系

（一）中国油气管网现状

近年来，随着油气消费量和进口量的增长，中国油气管网规模不断扩大，建设和运营水平大幅提升，基本适应经济社会发展对生产消费、资源输送的要求。

中国已经形成了由西气东输一线和二线、陕京线、川气东送为骨架的横跨东西、纵贯南北、连通海外的全国性供气网络。"西气东输、海气登陆、就近外供"的供气格局已经形成，并形成较完善的区域性天然气管网。中哈、中俄、西部、石兰、惠银等原油管道，构筑起区域性输油管网。以兰成渝、兰郑长等为代表的成品油管道，作为骨干输油管道，形成了"西油东送、北油南下"的格局。

基础设施网络基本成型。西部、漠河—大庆，日照—仪征—长岭、宁波—上海—南京等原油管道，兰州—郑州—长沙、兰州—成都—重庆、鲁皖、西部、西南成品油管道，以及西气东输、陕京、川气东送天然气管道等一批长距离、大输量的主干管道陆续建成，联络线和区域网络不断完善。截至2019年底，中国油气长输管道总里程达到13.9万千米，其中原油、成品油、天然气管道里程分别达到2.9、2.9和8.1万千米。

资源进口通道初步形成。西北方向，中哈原油管道建成，中亚—中国天然气管道A、B、C线建成，D线项目稳步推进。东北方向，中俄原油管道建成，中俄原油管道二线和中俄东线天然气管道工程加快推进。西南方向，中缅原油天然气管道已建成。沿海地区，原油码头设计能力满足进口接卸需要，已建成大型液化天然气（LNG）接收站22座。

管道输送规模不断提高。2015年，中国原油管道运量达到5亿吨，约占原油加工量的95%；成品油管道运量达到1.4亿吨，约占成品油消费的45%。天然气管道覆盖率不断提高，用气人口从2010年的1.9亿人增加到2017年的3.5亿人。管道和铁路、水路、公路等运输方式分工合作、相互补充，共同形成中国油气运输体系。

油气储备及应急调峰体系初步建立。国家原油储备库建设顺利推进，石油商业储备达到一定规模，形成了多层次的石油储备体系。目前，地下储气库工作气量达76亿立方米，沿海LNG接收站储罐容量达到680

截至 2019 年底，中国已建成 22 座液化天然气（LNG）接收站，接受能力共计约 9035 万吨／年。
图为江苏 LNG 接收站。

万立方米，可以有效保障重点城市和区域天然气应急调峰。全国油气管
网衔接储运、服务产销的格局初步形成。

（二）中长期油气管网规划

2017 年 5 月，国家发展改革委与国家能源局联合发布《中长期油气
管网规划》。基本思想是：坚持以提高发展质量和效益为中心，坚持以
推进供给侧结构性改革为主线，推进能源生产和消费革命战略，以扩大
设施规模、完善管网布局、加强衔接互联、推进公平开放为重点，大力
发展天然气管网，优化完善原油和成品油管道，提升储备调峰设施能力，
提高系统运行智能化水平，着力构建布局合理、覆盖广泛、外通内畅、
安全高效的现代油气管网，为完善现代综合交通运输体系、建设现代能
源体系、促进经济社会低碳绿色发展、实现"两个一百年"奋斗目标提
供基础保障。

1. 基本原则

——统筹协调、优化布局。以消费、生产、交通等领域油气需求变化为导向，结合资源禀赋、进口通道、炼化基地等情况，科学布局油气运输通道，优化流向。统筹基础设施建设、提升普遍服务水平、协调衔接管道网络与安全储备应急调峰设施建设。

——适度超前、提升能力。适度超前规划建设油气管网基础设施，扩大网络规模和延伸区域，通过提升油气管网储运能力，更好地支撑稳油增气、优化能源结构、确保油气供应安全等能源生产和消费革命战略目标。

——互联互通、衔接高效。推动各类主体、不同气源之间天然气管道实现互联互通。提升标准化、智能化水平，推动油气物流、信息、安全监管等网络互联，提高系统效率。充分发挥管道与其他运输方式的比较优势和组合效率，实现合理分工、协调发展。

——市场运作、监管有效。推进油气管道网销分开，放开管网建设等竞争性业务，引入更多的社会资本投资建设。更好发挥政府在规划布局、技术标准、监督管理等方面的作用，加强公平开放接入监管，确保运营企业为社会提供公平服务。

——安全为本、供应稳定。坚持总体国家安全观，夯实油气管网的基础性地位，着力扩大陆上通道输送能力，拓展新的进口通道，实现油气进口"海陆、东西、南北"整体协调平衡，有效降低外部风险，确保油气资源供应稳定。

2. 发展目标

到 2020 年，全国油气管网规模达到 16.9 万千米，其中原油、成品油、天然气管道里程分别为 3.2、3.3、10.4 万千米，储运能力明显增强。

到 2025 年，全国油气管网规模达到 24 万千米，其中原油、成品油、天然气管道里程分别达到3.7、4.0和16.3万千米，网络覆盖进一步扩大，结构更加优化，储运能力大幅提升。全国省区市成品油、天然气主干管网全部连通，100万人口以上的城市成品油管道基本接入，50万人口以上的城市天然气管道基本接入。

——建成广覆盖多层次的油气管网。管网覆盖面和通达度显著提高，基础设施网络功能完备。天然气管道全国基础网络形成，支线管道和区域管网密度加大，用户大规模增长，逐步实现天然气入户入店入厂。全国城镇天然气用气人口达到5.5亿，天然气消费规模不断扩大，在能源消费结构中的比例达到12%左右。

——形成安全稳定的储运系统。油气储运能力不断提升，战略和应急保障能力显著增强。石油储备达到发达国家平均水平，天然气应急调峰气量（含LNG）达到消费量的8%。油气管网等基础设施建设和运行管理达到世界领先水平，关键技术、装备基本实现自主化，信息监测、预警自检、应急管理体系覆盖油气输储全过程，运行可靠性大幅提高。

——提供公平开放的公共服务。各类社会资本广泛参与油气基础设施投资、建设、运营，统一全国天然气入网标准，实现天然气管网运行互联互通，油气资源合理流动和配置，油气管网领域法律标准健全、政府监管有力，管网企业为所有用户提供公平公正的高效输送服务。

到2030年，全国油气管网基础设施较为完善，普遍服务能力进一步提高，天然气利用逐步覆盖至小城市、城郊、乡镇和农村地区，基本建成现代油气管网体系。

根据规划，中国四大油气进口战略通道建设将进一步加速，中哈原油管道二期、中亚天然气管道二期即将建设，中俄天然气管道正在规划中；国内油气主干管网将建设西气东输三线、四线，陕京线以及川气东送等骨干天然气管道及联络线进一步扩充和完善。

二、电网建设

（一）发展基础

新中国成立特别是改革开放 40 多年来，中国电网建设取得了举世瞩目的成就，从独立、分散、弱小的小电网逐步进化成全国互联、互通、互供的统一大电网。

最高电压等级从 220 千伏、500 千伏逐步发展到当前的 1000 千伏、±800 千伏，电压层级分布日趋完善。截至 2018 年底，全国 220 千伏及以上输电线路总长达到 73.3 万千米，是 1978 年的 32 倍；220 千伏及以上变电容量达到 43 亿千伏安，相比改革之初增长了 170 倍。"十二五"时期（2011—2015 年），新疆、西藏、青海玉树州、四川甘孜州北部地区相继结束了孤网运行的历史，全国彻底解决了无电人口用电问题，电网成为满足人民美好生活需要的重要保障。自 2005 年以来，中国电网规模稳居世界第一，电网建设总体保证了新增 17 亿千瓦电源的接入，满足了新增电量 6 万亿千瓦时的供电需求，有力支撑了社会经济的快速发展。

中国的发电资源与电力负荷呈现明显的逆向分布，煤电资源主要分布在东北、华北和西北，风电资源主要集中在西北、华北、东北和华东沿海地区，太阳能光伏资源主要分布在西北和华北地区，而负荷中心则集中于东南部沿海和中部地区。跨省跨区电网建设已成为中国解决资源分布不均、优化发电资源的重要手段。中国已基本建成"西电东送、南北互供、全国联网"的电网配置资源格局，8 条 1000 千伏特高压交流线路和 13 条 ±800 千伏特高压直流线路相继投运，电力资源的大范围调配成为常态。2006—2017 年，全国跨区输电容量增长了 5 倍，西南、西北和华中三个区域的输出电量规模最大，合计占比超过 3/4；全国 34 个

截至 2018 年，中国已建成 22 条特高压交直流电网，实现西部、北部的风电、水电、太阳能等清洁能源全国大范围、大容量快速传输。图为电网员工在百米高空走线验收。

省区市中，20 个省市区净电量输出超过 10 太瓦时，13 个省市区净电量输入超过 10 太瓦时；在水电资源丰富的西南地区，云南和四川是全国跨省外送电量比例最大的省份，2017 年外送电量均超过 40%，而北京和上海两大城市年用电量中超过 40% 为外来电 [1]。

　　中国为实现西电东送已经扩充了特高压电网。2010 年建成云南向家坝至上海的 ±800 千伏特高压直流输电线路，向上海输送西南地区的水电。该线路输电容量达 6400 兆瓦，足以供应罗马尼亚全国的平均用电。2013 年建成"锦屏—苏南"特高压直流线路，输电容量达 7200 兆瓦。2019 年 9 月投运的"昌吉—古泉" ±1100 千伏线路，长约 3324 千米，

---

[1]　王仲颖、郑雅楠：《改革开放 40 年中国电力发展回顾与展望》，《中国电力企业管理》2018 年 9 期。

输电容量达 12000 兆瓦（相当于 12 座核电厂或德国 20% 的平均电网负荷），是目前世界上电压等级最高、输送容量最大、输电距离最远、技术水平最先进的特高压直流输电工程[①]。

根据中国国家电网信息，到 2030 年，将有 23 条点对点特高压直流线路全部完工，并成为"亚洲超级电网"（待建）的一部分。

改革开放 40 年来，中国农村电力发展经历了由小到大、由慢到快、由落后到先进、由分散到集中的发展过程。1978 年，农村用电量为 275.4 亿千瓦时，其中照明等生活用电量为 48.3 亿千瓦时；2016 年，农村居民生活用电量为 3501 亿千瓦时。40 年间，农村居民生活用电量增长了 70 多倍。农村电网的覆盖范围、供电能力、电能质量明显改善，服务质量大大提高，电价更加公平合理[②]。

（二）发展规划

根据国家发展改革委与国家能源局联合发布的《电力发展"十三五"规划（2016—2020 年）》，与电网相关的规划如下。

1. 筹划跨区域电网外送通道，增强资源配置能力

"十三五"期间电力外送统筹送受端需求、受端电源结构及调峰能力，合理确定受电比重和受电结构。跨区送电具有可持续性，满足送端地区长远需要，应参与受端电力市场竞争。输煤输电并举，避免潮流交叉迂回，促进可再生能源消纳，确保电网安全。

---

① 《中国的可再生能源和电网的扩建情况》，Energy Brainpool，https://blog.energybrainpool.com/zh-hans/%E4%B8%AD%E5%9B%BD%E7%9A%84%E5%8F%AF%E5%86%8D%E7%94%9F%E8%83%BD%E6%BA%90%E5%92%8C%E7%94%B5%E7%BD%91%E7%9A%84%E6%89%A9%E5%BA%BA%E6%83%85%E5%86%B5/。

② 耿立宏：《改革开放 40 年中国农村电力发展历程回顾》，中国电力网 2018 年 11 月 13 日，http://www.chinapower.com.cn/guandian/20181113/1254810.html。

在实施水电配套外送输电通道的基础上，重点实施大气污染防治行动 12 条输电通道及酒泉至湖南、准东至安徽、金中至广西输电通道。建成东北（扎鲁特）送电华北（山东）特高压直流输电通道，解决东北电力冗余问题。适时推进陕北（神府、延安）电力外送通道建设。结合受端市场情况，积极推进新疆、呼盟、蒙西（包头、阿拉善、乌兰察布）、陇（东）彬（长）、青海等地区电力外送通道论证。

"十三五"期间，新增"西电东送"输电能力 1.3 亿千瓦，2020 年达到 2.7 亿千瓦。

2. 优化电网结构，提高系统安全水平

坚持分层分区、结构清晰、安全可控、经济高效原则，按照《电力系统安全稳定导则》的要求，充分论证全国同步电网格局，进一步调整完善区域电网主网架，提升各电压等级电网的协调性，探索大电网之间的柔性互联，加强区域内省间电网互济能力，提高电网运行效率，确保电力系统安全稳定运行和电力可靠供应。

3. 升级改造配电网，推进智能电网建设

满足用电需求，提高供电质量，着力解决配电网薄弱问题，促进智能互联，提高新能源消纳能力，推动装备提升与科技创新，加快构建现代配电网。有序放开增量配电网业务，鼓励社会资本有序投资、运营增量配电网，促进配电网建设平稳健康发展。

加强城镇配电网建设。强化配电网统一规划，健全标准体系。全面推行模块化设计、规范化选型、标准化建设。中心城市（区）围绕发展定位和高可靠用电需求，高起点、高标准建设配电网，供电质量达到国际先进水平，北京、上海、广州、深圳等超大型城市建成世界一流配电网；城镇地区结合国家新型城镇化进程及发展需要，适度超前建设配电网，满足快速增长的用电需求，全面支撑"京津冀""长江中游""中原""成渝"

农网改造工程的实施，改善了农村用电环境，为农村经济发展注入了新动力。

等城市群以及"丝绸之路经济带"等重点区域发展需要。积极服务新能源、分布式电源、电动汽车充电基础设施等多元化负荷接入需求。做好与城乡发展、土地利用的有效衔接，将管廊专项规划确定入廊的电力管线建设规模、时序纳入配电网规划。

实施新一轮农网改造升级工程。加快新型小乡镇、中心村电网和农业生产供电设施改造升级。结合"农光互补""光伏扶贫"等分布式能源发展模式，建设可再生能源就地消纳的农村配网示范工程。开展西藏、新疆和四川、云南、甘肃、青海四省藏区农村电网建设攻坚。加快西部及贫困地区农村电网改造升级，特别是国家扶贫开发工作重点县、集中连片特困地区以及革命老区的农村电网改造升级，实现贫困地区通动力电。推进东中部地区城乡供电服务均等化进程，逐步提高农村电网信息化、自动化、智能化水平，进一步优化电力供给结构。

推进"互联网+"智能电网建设。全面提升电力系统的智能化水平，提高电网接纳和优化配置多种能源的能力，满足多元用户供需互动。实现能源生产和消费的综合调配，充分发挥智能电网在现代能源体系中的作用。

提升电源侧智能化水平，加强传统能源和新能源发电的厂站级智能化建设，促进多种能源优化互补。全面建设智能变电站，推广应用在线监测、状态诊断、智能巡检系统，建立电网对山火、冰灾、台风等各类自然灾害的安全预警体系。推进配电自动化建设，根据供电区域类型差异化配置，整体覆盖率达90%，实现配电网可观可控。提升输配电网络的柔性控制能力，示范应用配电侧储能系统及柔性直流输电工程。

构建"互联网+"电力运营模式，推广双向互动智能计量技术应用。加快电能服务管理平台建设，实现用电信息采集系统全覆盖。全面推广智能调度控制系统，应用大数据、云计算、物联网、移动互联网技术，提升信息平台承载能力和业务应用水平。调动电力企业、装备制造企业、用户等市场主体的积极性，开展智能电网支撑智慧城市创新示范区，合力推动智能电网发展。

第五节
有效规制市场，保障经济平稳运行

一、基本方针

中国按照完善社会主义市场经济体制的要求，稳步推进能源体制改革，促进能源事业发展。1998年实现了石油企业的战略性重组，建立了上下游一体化的新型石油工业管理体制。2002年按照电力体制改革方案，电力工业实现了政企分开、厂网分开。煤炭工业进行市场化改革后，2005年又按照国务院《关于促进煤炭工业健康发展的若干意见》深化改革和发展。当前，中国正在按照观念创新、管理创新、体制创新和机制创新的要求，进一步深化能源体制改革，提高能源市场化程度，完善能源宏观调控体系，不断改善能源发展环境。

——加强能源立法。中国高度重视并积极推进能源法律制度建设，《清洁生产促进法》《可再生能源法》《循环经济促进法》《石油天然气管道保护法》《民用建筑节能条例》已经颁布实施，配套政策措施陆续出台；修订后的《节约能源法》《煤炭法》《电力法》已经公布；《能源法》正在抓紧制订；《矿产资源法》正在抓紧修订。同时，也正在积极着手研究石油天然气、原油市场和原子能等能源领域的立法。

——强化安全生产。中国在能源发展过程中，高度重视维护人民的生命安全，继续采取切实有效措施，坚决遏制重特大安全事故频发势头。中国坚持预防为主、安全第一、综合治理的原则，进一步加大煤矿瓦斯治理和综合利用力度，依法整顿关闭不具备安全生产条件的小煤矿。继续加大煤矿安全监管力度，引导地方和企业加强煤矿安全技术改造和安全基础设施建设。全面加强安全生产教育，增强安全责任意识。继续加强电力安全、油气生产安全，强化监督管理，实行国家监察、地方监管、企业负责的安全生产工作体系。进一步落实安全生产责任制，严格安全生产执法，严肃责任追究制度。

——完善应急体系。能源安全是经济安全的重要方面，直接影响国家安全和社会稳定。中国实行电力统一调度、分级管理、分区运行，统筹安排电网运行。建立了政府部门、监管机构和电力企业分工负责的安全责任体系，电网和发电企业建立了应对大规模突发事故的应急预案。按照统一规划、分步实施的原则，建设国家石油储备基地，扩大石油储备能力。逐步建立石油和天然气供应应急保障体系，确保供应安全。

——加快市场体系建设。中国继续坚持改革开放，充分发挥市场配置资源的基础性作用，鼓励多种经济成分进入能源领域，积极推动能源市场化改革。全面完善煤炭市场体系，构建政企分开、公平竞争、开放有序的电力市场体系，加快石油天然气流通体制改革，促进能源市场健康有序发展。

——深化管理体制改革。中国加强能源管理体制改革，完善国家能源管理体制和决策机制，加强部门、地方及相互间的统筹协调，强化国家能源发展的总体规划和宏观调控，着力转变职能、理顺关系、优化结构、提高效能，形成适当集中、分工合理、决策科学、执行顺畅、监管有力的管理体制。进一步转变政府职能，注重政策引导，重视信息服务。深化能源投资体制改革，建立和完善投资调控体系。进一步强化能源资源的规范管理，完善矿产资源开发管理体制，建立健全矿产资源有偿使用和矿业权交易制度，整顿和规范矿产资源开发市场秩序。

——推进价格机制改革。价格机制是市场机制的核心。中国政府在妥善处理不同利益群体关系、充分考虑社会各方面承受能力的情况下，积极稳妥地推进能源价格改革，逐步建立能够反映资源稀缺程度、市场供求关系和环境成本的价格形成机制。深化煤炭价格改革，全面实现市场化。推进电价改革，逐步做到发电和售电价格由市场竞争形成、输电和配电价格由政府监管。逐步完善石油、天然气定价机制，及时反映国际市场价格变化和国内市场供求关系。

二、推动能源体制革命，促进治理体系现代化

根据《能源生产和消费革命战略（2016—2030）》，中国能源体制改革的主要方针是：还原能源商品属性，加快形成统一开放、竞争有序的市场体系，充分发挥市场配置资源的决定性作用，更好地发挥政府作用。以节约、多元、高效为目标，创新能源宏观调控机制，健全科学监管体系，完善能源法律法规，构建激励创新的体制机制，打通能源发展快车道。

（一）构建有效竞争的能源市场体系

坚持社会主义市场经济改革方向，加快形成企业自主经营、消费者自由选择、商品和要素自由流动的能源市场体系。

加快形成现代市场体系。政府减少对能源市场的干预，减少对能源

资源直接分配和微观经济活动的行政管理，抓紧构建基础性制度，保障资源有序自由流动。全面推进能源行政审批制度改革，完善负面清单，鼓励和引导各类市场主体依法平等参与负面清单以外的能源领域投资运营。积极稳妥发展混合所有制，支持非公有制能源企业发展，实现市场主体多元化。建立完善的油气、煤炭、电力以及用能权等能源交易市场，确立公平开放透明统一的市场规则。打破地区封锁、行业垄断，加强市场价格监管和反垄断执法，严厉查处实施垄断协议、滥用市场支配地位和滥用行政权力等垄断行为。

全面推进能源企业市场化改革。着力推动能源结构、布局、技术全面优化。实施国有能源企业分类改革，坚持有进有退、有所为有所不为，着力推进电力、油气等重点行业改革。按照管住中间、放开两头的原则，有序放开发电和配售电业务。优化国有资本布局，完善现代企业制度，提高投资效率，充分发挥国有能源企业在保护资源环境、加快转型升级、履行社会责任中的引领和表率作用，更好适应能源消费需求升级。增强国有经济活力、控制力、影响力、抗风险能力，做优做强，更好服务于国家战略目标。

（二）建立主要由市场决定价格的机制

全面放开竞争性环节价格，凡是能由市场形成价格的，都要交给市场。加强对市场价格的事中事后监管，规范价格行为。推动形成由能源资源稀缺程度、市场供求关系、环境补偿成本、代际公平可持续等因素决定能源价格的机制。稳妥处理和逐步减少交叉补贴。

加强政府定价成本监审，推进定价公开透明。健全政府在重要民生和部分网络型自然垄断环节价格的监管制度。落实和完善社会救助、保障标准与物价上涨挂钩的联动机制，保障困难群众基本用能需求。

（三）建立健全能源法治体系

以能源法治平衡各方利益，以能源法治凝聚能源改革共识，坚持在法治下推进改革，在改革中完善法治。

建立科学完备、先进适用的能源法律法规体系。根据形势发展需要，健全能源法律法规体系，加强能源监管法律法规建设，研究完善相关配套实施细则，做好地方性法规与法律、行政法规的衔接。及时修订废止阻碍改革、落后于实践发展的法律法规。增强能源法律法规的及时性、针对性、有效性。

三、石油天然气体制改革

2017 年，中共中央、国务院印发了《关于深化石油天然气体制改革的若干意见》（以下简称“《意见》”），明确了深化石油天然气体制改革的指导思想、基本原则、总体思路和主要任务 [1]。

《意见》强调，深化石油天然气体制改革要坚持问题导向和市场化方向，体现能源商品属性；坚持底线思维，保障国家能源安全；坚持严格管理，确保产业链各环节安全；坚持惠民利民，确保油气供应稳定可靠；坚持科学监管，更好发挥政府作用；坚持节能环保，促进油气资源高效利用。

《意见》明确，深化石油天然气体制改革的总体思路是：针对石油天然气体制存在的深层次矛盾和问题，深化油气勘查开采、进出口管理、管网运营、生产加工、产品定价体制改革和国有油气企业改革，释放竞

---

[1] 《中共中央 国务院印发〈关于深化石油天然气体制改革的若干意见〉》，新华网 2017 年 5 月 21 日，http://www.xinhuanet.com//politics/2017-05/21/c_1121009817.htm。

争性环节市场活力和骨干油气企业活力，提升资源接续保障能力、国际国内资源利用能力和市场风险防范能力、集约输送和公平服务能力、优质油气产品生产供应能力、油气战略安全保障供应能力、全产业链安全清洁运营能力。通过改革促进油气行业持续健康发展，大幅增加探明资源储量，不断提高资源配置效率，实现安全、高效、创新、绿色，保障安全、保证供应、保护资源、保持市场稳定。

《意见》部署了八个方面的重点改革任务。

一是完善并有序放开油气勘查开采体制，提升资源接续保障能力。实行勘查区块竞争出让制度和更加严格的区块退出机制，加强安全、环保等资质管理。在保护性开发的前提下，允许符合准入要求并获得资质的市场主体参与常规油气勘查开采，逐步形成以大型国有油气公司为主导、多种经济成分共同参与的勘查开采体系。

二是完善油气进出口管理体制，提升国际国内资源利用能力和市场风险防范能力。建立以规范的资质管理为主的原油进口动态管理制度。完善成品油加工贸易和一般贸易出口政策。

三是改革油气管网运营机制，提升集约输送和公平服务能力。分步推进国有大型油气企业干线管道独立，实现管输和销售分开。完善油气管网公平接入机制，油气干线管道、省内和省际管网均向第三方市场主体公平开放。

四是深化下游竞争性环节改革，提升优质油气产品生产供应能力。制定更加严格的质量、安全、环保和能耗等方面的技术标准，完善油气加工环节准入和淘汰机制。提高国内原油深加工水平，保护和培育先进产能，加快淘汰落后产能。加大天然气下游市场开发培育力度，促进天然气配售环节公平竞争。

五是改革油气产品定价机制，有效释放竞争性环节市场活力。完善成品油价格形成机制，发挥市场决定价格的作用，保留政府在价格异常波动时的调控权。推进非居民用气价格市场化，进一步完善居民用气定价机制。依法合规加快油气交易平台建设，鼓励符合资质的市场主体参与交易，通过市场竞争形成价格。加强管道运输成本和价格监管，按照准许成本加合理收益原则，科学制定管道运输价格。

六是深化国有油气企业改革，充分释放骨干油气企业活力。完善国有油气企业法人治理结构，鼓励具备条件的油气企业发展股权多元化和多种形式的混合所有制。推进国有油气企业专业化重组整合，支持工程技术、工程建设和装备制造等业务进行专业化重组，作为独立的市场主体参与竞争。推动国有油气企业"瘦身健体"，支持国有油气企业采取多种方式剥离办社会职能和解决历史遗留问题。

七是完善油气储备体系，提升油气战略安全保障供应能力。建立完善政府储备、企业社会责任储备和企业生产经营库存有机结合、互为补

2017 年 8 月，中国国电与神华集团合并重组为国家能源投资集团有限责任公司。该公司在煤炭产销量、发电装机总容量、煤制油化工产量等方面均居全球第一。图为国家能源集团河北东湾风电场。

充的储备体系。完善储备设施投资和运营机制，加大政府投资力度，鼓励社会资本参与储备设施投资运营。建立天然气调峰政策和分级储备调峰机制。明确政府、供气企业、管道企业、城市燃气公司和大用户的储备调峰责任与义务，供气企业和管道企业承担季节调峰责任和应急责任，地方政府负责协调落实日调峰责任主体，鼓励供气企业、管道企业、城市燃气公司和大用户在天然气购销合同中协商约定日调峰供气责任。

八是建立健全油气安全环保体系，提升全产业链安全清洁运营能力。加强油气开发利用全过程的安全监管，建立健全油气全产业链安全生产责任体系，完善安全风险应对和防范机制。

四、电力体制改革

改革开放以前，中国电力从生产、运输到消费，和其他所有行业一样，都是采用完全计划的管理模式，发电、输电、配电和用电整个产业链条，都在"全能"的政府部门的统一计划管理下。从 20 世纪 80 年代中期开始，在转型发展过程中，电力行业先后进行了三次大的改革[①]。

第一次，投资体制改革。改革开放后，随着经济的发展，对用电的需求猛增，电力需求与供应能力的矛盾成为电力发展的主要矛盾，并严重制约国民经济的发展。其中，电源不足是矛盾中更为主要、更为直接的方面。造成电源不足的主要原因，是电源投资不足，单纯依靠财政投资，渠道单一、资金短缺。所以，电力行业的第一次大改革，就是电力投资体制改革，核心思想是引进外国资本、鼓励民间资本投资建设电源。这

[①] 本小节参考了蒋德斌：《中国的电力体制改革：回顾与前瞻》，中国能源网 2018 年 7 月 30 日，http://www.cnenergy.org/dl/201807/t20180730_669681.html。

次改革比较成功地解决了电源投资资金来源问题，极大地促进了电力特别是电源的发展。1978年，全国电力装机只有5712万千瓦，到2001年底，全国各类电力装机已经达到33849万千瓦，其规模已经位居世界第二。

第二次，厂网分离改革。2002年，国务院发布《电力体制改革方案》，明确按照"厂网分开、竞价上网"的原则，将原国家电力公司一分为七，成立国家电网、南方电网两家电网公司和华能、大唐、国电、华电、中电投五家发电集团。2013年，中国电源装机总规模超越美国，成为世界第一。与此相适应，电网建设规模也逐年扩大，2008年全国电网总投资规模首次超过电源总投资规模；2011年，全国电网总规模超越美国，中国建成了世界第一大电网系统。

第三次，配售分开改革。2015年3月，《中共中央国务院关于进一步深化电力体制改革的若干意见》印发，开启了第三次电力体制改革，六个配套文件也相继出台。这次改革进一步深化，核心思路是在电力生产、运输、交易、消费产业链条上，对自然垄断部分实行管制；对非自然垄断部分予以放开，引入竞争机制。基本内容是打破电网企业的售电专营权，向社会放开配售电业务，推进建立相对独立、规范运行的交易机构，最终形成管住中间、放开两头的体制架构。同时，在增量配电网领域，引入社会化资本投资。

此次改革带来了一系列变化。首先，售电业务受到市场青睐。截至2019年底，全国在电力交易中心公示的售电公司已超过4000家，其中，山东、广东、北京的售电公司数量位居全国前三甲。

其次，竞争性电力市场发展迅速。成立了北京、广州两个全国性的电力交易中心，另有省级电力交易中心35家。市场化交易电量规模2019年达到2.3万亿千瓦时，占全国全社会用电量的32%，比上一年增长6%。交易形式也逐渐从以中长期合约交易为主，向着建立日前市场和现货市场逐步推进。

　　第三，增量配电网改革积极推进。"增量配电业务"是指目前国家电网和南方电网以外的配电业务，尤其指企业经营的配电业务。自 2016 年 11 月第一批增量配电业务改革试点项目发布以来，截至 2019 年底，国家分四批次批复总计 404 个增量配电网试点项目，其中 24 个项目因建设进度不达预期被取消，目前试点项目总计 380 个。

第六节
推动能源科技革命

中国高度重视能源科技的发展，能源工业的技术水平与发达国家的差距不断缩小，有效地促进了能源工业的全面发展。2005 年，中国政府制定了《国家中长期科学和技术发展规划纲要》，把能源技术放在优先发展位置，按照自主创新、重点跨越、支撑发展、引领未来的方针，加快推进能源技术进步，努力为能源的可持续发展提供技术支撑[①]。

2016 年 4 月，国家发展改革委、国家能源局发布《能源技术革命创新行动计划（2016—2030 年）》，明确了能源技术创新的 15 个重点任务。近年来，中国能源科技创新能力和技术装备自主化水平显著提升，建设了一批具有国际先进水平的重大能源技术示范工程：初步掌握了页岩气、致密油等勘探开发关键装备技术，煤层气实现规模化勘探开发，3000 米深水半潜式钻井船等装备实现自主化，复杂地形和难采地区油气勘探开发部分技术达到国际先进水平，千万吨炼油技术达到国际先进水平，大型天然气液化、长输管道电驱压缩机组等成套设备实现自主化；

---

① 国务院新闻办公室：《中国的能源状况与政策（2007）》，2007 年 12 月。

煤矿绿色安全开采技术水平进一步提升，大型煤炭气化、液化、热解等煤炭深加工技术已实现产业化，低阶煤分级分质利用正在进行工业化示范；超超临界火电技术广泛应用，投运机组数量位居世界首位，大型 IGCC、CO_2 封存工程示范和 700℃超超临界燃煤发电技术攻关顺利推进，大型水电、1000 千伏特高压交流和 ±800 千伏特高压直流技术及成套设备达到世界领先水平，智能电网和多种储能技术快速发展；基本掌握了 AP1000 核岛设计技术和关键设备材料制造技术，采用"华龙一号"自主三代技术的首堆示范项目开工建设，首座高温气冷堆技术商业化核电站示范工程建设进展顺利，核级数字化仪控系统实现自主化；陆上风电技术达到世界先进水平，海上风电技术攻关及示范有序推进，光伏发电实现规模化发展，光热发电技术示范进展顺利，纤维素乙醇关键技术取得重要突破。

2017 年 5 月 25 日，中国自主三代核电"华龙一号"全球首堆示范工程——中核集团福清核电 5 号机组穹顶吊装成功。这是全球核电建设领域目前规模最大、高度最高的一次穹顶吊装。

一、能源科技创新的主要政策

根据《能源生产和消费革命战略（2016—2030）》，中国能源科技创新的主要政策是：立足自主创新，准确把握世界能源技术演进趋势，以绿色低碳为主攻方向，选择重大科技领域，按照"应用推广一批、示范试验一批、集中攻关一批"的路径要求，分类推进技术创新、商业模式创新和产业创新，将技术优势转化为经济优势，培育能源技术及关联产业升级的新增长点。

1. 普及先进高效节能技术

以系统节能为基础，以高效用能为方向，将高效节能技术广泛应用于工业、建筑、交通等各领域。

工业节能技术。发展工业高效用能技术，加强生产工艺和机械设备节能技术研发，重点推动工业锅（窑）炉、电机系统、变压器等通用设备节能技术的研发应用。深入推进流程工业系统节能改造，完善和推广工业循环利用、系统利用和梯级利用技术。广泛应用原料优化及工业余热、余压、余气回收利用和电厂烟气余热回收利用技术。推行产品绿色节能设计，推广轻量化低功耗易回收等技术工艺。

建筑节能技术。推广超低能耗建筑技术以及绿色家居、家电等生活节能技术，发展新型保温材料、反射涂料、高效节能门窗和玻璃、绿色照明、智能家电等技术，鼓励发展近零能耗建筑技术和既有建筑能效提升技术，积极推广太阳能、地热能、空气热能等可再生能源建筑规模化应用技术。

交通运输节能技术。突破新能源汽车核心技术，发展节能汽车技术，完善高铁、新型轨道交通节能关键技术，积极开发大型飞机、船舶材料及燃料加工技术。研发和推广交通与互联网融合技术，利用交通大数据，发展城市智能交通管理技术、车联网等交通控制网技术。

2. 推广应用清洁低碳能源开发利用技术

强化自主创新，加快非化石能源开发和装备制造技术、化石能源清洁开发利用技术的应用推广。

可再生能源技术。加快大型陆地、海上风电系统技术及成套设备研发，推动低风速、风电场发电并网技术攻关。加快发展高效太阳能发电利用技术和设备，重点研发太阳能电池材料、光电转换、智能光伏发电站、风光水互补发电等技术，研究可再生能源大规模消纳技术。研发应用新一代海洋能、先进生物质能利用技术。

先进核能技术。推动大型先进压水堆核电站的规模化建设、钠冷快中子堆核电厂示范工程及压水堆乏燃料后处理示范工程建设，以及高温气冷堆等新型核电示范工程建设；推进小型智能堆、浮动核电站等新技术示范，重点实施自主知识产权技术的示范推广。突破铀资源攻深找盲技术和超深大型砂岩铀矿高效地浸、铀煤协调开采等关键技术，探索盐湖及海水铀资源低成本提取技术，开展先进核电燃料的研究和应用，开发事故容错核燃料技术、先进核燃料循环后处理技术及高放废物处理处置技术。

煤炭清洁开发利用技术。创新煤炭高效建井和智能矿山等关键技术，发展煤炭无人和无害化等智能开采、充填开采、保水开采以及无煤柱自成巷开采技术，开展矿井低浓度瓦斯采集、提纯、利用技术攻关。创新超高效火电技术、超清洁污染控制技术、低能耗碳减排和硫捕集封存利用技术、整体煤气化联合循环发电技术等，掌握燃气轮机装备制造核心技术。做好节水环保高转化率煤化工技术示范。

油气开发利用技术。积极研究应用油气高采收率技术和陆地深层油气勘查开发技术。探索致密气、页岩气压裂新技术、油页岩原位开采技术。

研发推广适合不同煤阶的煤层气抽采技术。推动深海油气勘查开发、海上溢油等事故应急响应和快速处理技术及装备研发。加快重劣质油组合加工技术等关键技术研发，积极推动油品质量升级关键技术研发及推广，突破分布式能源微燃机制造技术，推广单燃料天然气车船应用技术。

3. 大力发展智慧能源技术

推动互联网与分布式能源技术、先进电网技术、储能技术深度融合。

先进电网技术。加强新能源并网、微网等智能电网技术研发应用，推动先进基础设施和装备关键技术、信息通信技术及调控互动技术研发示范。完善并推广应用需求侧互动技术、电力虚拟化及电力交易平台技术，提升电网系统调节能力。

储能技术。发展可变速抽水蓄能技术，推进飞轮、高参数高温储热、相变储能、新型压缩空气等物理储能技术的研发应用，发展高性能燃料电池、超级电容等化学储能技术。研发支持即插即用、灵活交易的分布式储能设备。

能源互联网技术。集中攻关能源互联网核心装备技术、系统支撑技术，重点推进面向多能流的能源交换路由器技术、能气交换技术、能量信息化与信息物理融合技术、能源大数据技术及能源交易平台与金融服务技术等。

4. 加强能源科技基础研究

实施人才优先发展战略，重点提高化石能源地质、能源环境、能源动力、材料科学、信息与控制等基础科学领域的研究能力和水平。

开展前沿性创新研究。加快研发氢能、石墨烯、超导材料等技术。突破无线电能传输技术、固态智能变压器等核心关键技术。发展快堆核电技术。加强煤炭灾害机理等基础理论研究，深入研究干热岩利用技术。突破微藻制油技术、探索藻类制氢技术。超前研究个体化、普泛化、自主化的自能源体系相关技术。

重视重大技术创新。集中攻关可控热核聚变试验装置，力争在可控热核聚变实验室技术上取得重大突破。大力研发经济安全的天然气水合物开采技术。深入研究经济性全收集全处理的碳捕集、利用与封存技术。

5.实施科技创新示范工程

"十三五"期间，中国发挥能源市场空间大、工程实践机会多的优势，加大资金、政策扶持力度，重点在油气勘探开发、煤炭加工转化、高效清洁发电、新能源开发利用、智能电网、先进核电、大规模储能、柔性直流输电、制氢等领域，建设一批创新示范工程，推动先进产能建设，提高能源科技自主创新能力和装备制造国产化水平。

二、重点任务

根据《能源技术革命创新行动计划（2016—2030 年）》，未来中国能源科技创新的重点任务如下。

1.煤炭无害化开采技术创新

加快隐蔽致灾因素智能探测、重大灾害监控预警、深部矿井灾害防治、重大事故应急救援等关键技术装备研发及应用，实现煤炭安全开采。加强煤炭开发生态环境保护，重点研发井下采选充一体化、绿色高效充填开采、无煤柱连续开采、保水开采、采动损伤监测与控制、矿区地表修复与重构等关键技术装备，基本建成绿色矿山。提升煤炭开发效率和智能化水平，研发高效建井和快速掘进、智能化工作面、特殊煤层高回收率开采、煤炭地下气化、煤系共伴生资源综合开发利用等技术，重点煤矿区基本实现工作面无人化，全国采煤机械化程度达到 95% 以上。

2. 非常规油气和深层、深海油气开发技术创新

深入开展页岩油气地质理论及勘探技术、油气藏工程、水平井钻完井、压裂改造技术研究并自主研发钻完井关键装备与材料，完善煤层气勘探开发技术体系，实现页岩油气、煤层气等非常规油气的高效开发，保障产量稳步增长。突破天然气水合物勘探开发基础理论和关键技术，开展先导钻探和试采试验。掌握深 - 超深层油气勘探开发关键技术，勘探开发埋深突破 8000 米领域，形成 6000~7000 米有效开发成熟技术体系，勘探开发技术水平总体达到国际领先。全面提升深海油气钻采工程技术水平及装备自主建造能力，实现 3000 米、4000 米超深水油气田的自主开发。

3. 煤炭清洁高效利用技术创新

加强煤炭分级分质转化技术创新，重点研究先进煤气化、大型煤炭热解、焦油和半焦利用、气化热解一体化、气化燃烧一体化等技术，开展 3000 吨 / 天及以上煤气化、百万吨 / 年低阶煤热解、油化电联产等示范工程。开发清洁燃气、超清洁油品、航天和军用特种油品、重要化学品等煤基产品生产新工艺技术，研究高效催化剂体系和先进反应器。加强煤化工与火电、炼油、可再生能源制氢、生物质转化、燃料电池等相关能源技术的耦合集成，实现能量梯级利用和物质循环利用。研发适用于煤化工废水的全循环利用"零排放"技术，加强成本控制和资源化利用，完成大规模工业化示范。进一步提高常规煤电参数等级，积极发展新型煤基发电技术，全面提升煤电能效水平；研发污染物一体化脱除等新型技术，不断提高污染控制效率、降低污染控制成本和能耗。

4. 二氧化碳捕集、利用与封存技术创新

研究 CO_2 低能耗、大规模捕集技术，研究 CO_2 驱油利用与封存技术、CO_2 驱煤层气与封存技术、CO_2 驱水利用与封存技术、CO_2 矿化发电技术、

2017 年 5 月，中国首次海域天然气水合物（可燃冰）试采成功，标志着中国在可燃冰开发技术与科技创新方面走在了世界前列。图为从空中鸟瞰南海神狐海域可燃冰试采作业平台。

CO_2 化学转化利用技术、CO_2 生物转化利用技术，研究 CO_2 矿物转化、固定和利用技术，研究 CO_2 安全可靠封存、监测及运输技术，建设百万吨级 CO_2 捕集利用和封存系统示范工程，全流量的 CCUS 系统在电力、煤炭、化工、矿物加工等系统获得覆盖性、常规性应用，实现 CO_2 的可靠性封存、监测及长距离安全运输。

5. 先进核能技术创新

开展深部及非常规铀资源勘探开发利用技术研究，实现深度 1000 米以内的可地浸砂岩开发利用，开展黑色岩系、盐湖、海水等低品位铀资源综合回收技术研究。实现自主先进核燃料元件的示范应用，推进事故容错燃料元件（ATF）、环形燃料元件的辐照考验和商业运行，具备国际领先核燃料研发设计能力。在第三代压水堆技术全面处于国际领先水平基础上，推进快堆及先进模块化小型堆示范工程建设，实现超高温气冷堆、熔盐堆等新一代先进堆型关键技术设备材料研发的重大突破。

开展聚变堆芯燃烧等离子体的实验、控制技术和聚变示范堆 DEMO 的设计研究。

6. 乏燃料后处理与高放废物安全处理处置技术创新

推进大型商用水法后处理厂建设，加强先进燃料循环的干法后处理研发与攻关。开展高放废物处置地下实验室建设、地质处置及安全技术研究，完善高放废物地质处置理论和技术体系。围绕高放废液、高放石墨、α 废物处理，以及冷坩埚玻璃固化高放废物处理等方面加强研发攻关，争取实现放射性废物处理水平进入先进国家行列。研究长寿命次锕系核素总量控制等放射性废物嬗变技术，掌握次临界系统设计和关键设备制造技术，建成外源次临界系统工程性实验装置。

7. 高效太阳能利用技术创新

深入研究更高效、更低成本晶体硅电池产业化关键技术，开发关键配套材料。研究碲化镉、铜铟镓硒及硅薄膜等薄膜电池产业化技术、工艺及设备，大幅提高电池效率，实现关键原材料国产化。探索研究新型高效太阳能电池，开展电池组件生产及应用示范。掌握高参数太阳能热发电技术，全面推动产业化应用，开展大型太阳能热电联供系统示范，实现太阳能综合梯级利用。突破太阳能热化学制备清洁燃料技术，研制出连续性工作样机。研究智能化大型光伏电站、分布式光伏及微电网应用、大型光热电站关键技术，开展大型风光热互补电站示范。

8. 大型风电技术创新

研究适用于 200~300 米高度的大型风电系统成套技术，开展大型高空风电机组关键技术研究，研发 100 米级及以上风电叶片，实现 200~300 米高空风力发电推广应用。深入开展海上典型风资源特性与风能吸收方法研究，自主开发海上风资源评估系统。突破远海风电场设计和建设关键技术，研制具有自主知识产权的 10 兆瓦级及以上海上风电机组及轴承、

上海东海大桥 10 万千瓦海上风电项目是全球除欧洲之外第一个海上风电并网项目，也是中国第一个国家海上风电示范项目。该项目年发电量可达 2.6 亿千瓦时，可供上海 20 多万户居民使用一年。

控制系统、变流器、叶片等关键部件，研发基于大数据和云计算的海上风电场集群运控并网系统，实现废弃风电机组材料的无害化处理与循环利用，保障海上风电资源的高效、大规模、可持续开发利用。

9. 氢能与燃料电池技术创新

研究基于可再生能源及先进核能的制氢技术、新一代煤催化气化制氢和甲烷重整 / 部分氧化制氢技术、分布式制氢技术、氢气纯化技术，开发氢气储运的关键材料及技术设备，实现大规模、低成本氢气的制取、存储、运输、应用一体化，以及加氢站现场储氢、制氢模式的标准化和推广应用。研究氢气 / 空气聚合物电解质膜燃料电池（PEMFC）技术、甲醇 / 空气聚合物电解质膜燃料电池（MFC）技术，解决新能源动力电源的重大需求，并实现 PEMFC 电动汽车及 MFC 增程式电动汽车的示范运行和推广应用。研究燃料电池分布式发电技术，实现示范应用并推广。

10. 生物质、海洋能、地热能利用技术创新

突破先进生物质能源与化工技术，开展生物航油（含军用）、纤维素乙醇、绿色生物炼制大规模产业化示范，研究新品种、高效率能源植物，建设生态能源农场，形成先进生物能源化工产业链和生物质原料可持续供应体系。加强海洋能开发利用，研制高效率的波浪能、潮流能和温（盐）差能发电装置，建设兆瓦级示范电站，形成完整的海洋能利用产业链。加强地热能开发利用，研发水热型地热系统改造及增产技术，突破干热岩开发关键技术装备，建设兆瓦级干热岩发电和地热综合梯级利用示范工程。

11. 高效燃气轮机技术创新

深入研究燃气轮机先进材料与智能制造、机组设计、高效清洁燃烧等关键技术，开展燃气轮机整机试验，突破高温合金涡轮叶片和设计技术等燃气轮机产业发展瓶颈，自主研制先进的微小型、工业驱动用中型燃气轮机和重型燃气轮机，全面实现燃气轮机关键材料与部件、试验、设计、制造及维修维护的自主化。

12. 先进储能技术创新

研究太阳能光热高效利用高温储热技术、分布式能源系统大容量储热（冷）技术，研究面向电网调峰提效、区域供能应用的物理储能技术，研究面向可再生能源并网、分布式及微电网、电动汽车应用的储能技术，掌握储能技术各环节的关键核心技术，完成示范验证，整体技术达到国际领先水平，引领国际储能技术与产业发展。积极探索研究高储能密度低保温成本储能技术、新概念储能技术（液体电池、镁基电池等）、基于超导磁和电化学的多功能全新混合储能技术，争取实现重大突破。

13. 现代电网关键技术创新

掌握柔性直流输配电技术、新型大容量高压电力电子元器件技术；

开展直流电网技术、未来电网电力传输技术的研究和试验示范；突破电动汽车无线充电技术、高压海底电力电缆关键技术，并推广应用；研究高温超导材料等能源装备部件关键技术和工艺。掌握适合电网运行要求的低成本、量子级的通信安全工程应用技术，实现规模化应用。研究现代电网智能调控技术，开展大规模可再生能源和分布式发电并网关键技术研究示范；突破电力系统全局协调调控技术，并示范应用；研究能源大数据条件下的现代复杂大电网的仿真技术；实现微电网 / 局域网与大电网相互协调技术、源—网—荷协调智能调控技术的充分应用。

14. 能源互联网技术创新

能源互联网是一种互联网与能源生产、传输、存储、消费以及能源市场深度融合的能源产业发展新业态。推动能源智能生产技术创新，重点研究可再生能源、化石能源智能化生产，以及多能源智能协同生产等技术。加强能源智能传输技术创新，重点研究多能协同综合能源网络、智能网络的协同控制等技术，以及能源路由器、能源交换机等核心装备。促进能源智能消费技术创新，重点研究智能用能终端、智能监测与调控等技术及核心装备。推动智慧能源管理与监管手段创新，重点研究基于能源大数据的智慧能源精准需求管理技术、基于能源互联网的智慧能源监管技术。加强能源互联网综合集成技术创新，重点研究信息系统与物理系统的高效集成与智能化调控、能源大数据集成和安全共享、储能和电动汽车应用与管理以及需求侧响应等技术，形成较为完备的技术及标准体系，引领世界能源互联网技术创新。

15. 节能与能效提升技术创新

加强现代化工业节能技术创新，重点研究高效工业锅（窑）炉、新型节能电机、工业余能深度回收利用以及基于先进信息技术的工业系统节能等技术并开展工程示范。开展建筑工业化、装配式住宅，以及高效智能家电、制冷、照明、办公终端用能等新型建筑节能技术创新。推动高效节能运输工具、制动能量回馈系统、船舶推进系统、数字化岸电系统，以及基于先进信息技术的交通运输系统等先进节能技术创新。加强能源梯级利用等全局优化系统节能技术创新，开展散煤替代等能源综合利用技术研究及示范，对中国实现节能减排目标形成有力支撑。

第三章

中国方案（二）：推动能源消费革命，实现低碳高效能源目标

能源消费革命的核心是节能和消费侧用能结构调整。中国作为世界第一大能源消费国，节能的任务尤其重要。在节能领域，中国开展了广泛的工业节能、交通节能、建筑节能、农村节能和用能设备节能实践，取得了巨大的成绩；在消费侧用能结构调整领域，中国重点推动产业耗能结构调整、电能替代与清洁能源发展。中国的能源消费革命涵盖了从消费侧促进能源安全的各个重要方面，对其他国家尤其是广大发展中国家有重要的借鉴意义。

第一节
能源消费革命政策

中国能源消费将持续增长。一方面，实现全面建成小康社会和现代化目标，人均能源消费水平将不断提高，刚性需求将长期存在。另一方面，中国经济发展进入新常态，经济结构不断优化、新旧增长动力加快转换，粗放式能源消费将发生根本转变，能源消费进入中低速增长期。

经济新常态为中国推动能源消费革命、实现低碳高效能源目标提供了有利的时机和条件。

根据《能源生产和消费革命战略（2016—2030）》，中国推动能源消费革命的根本点主要有两点：一是以各种节能手段控制能源消费总量，二是通过能源结构调整实现清洁低碳的目标。

为此，中国强化约束性指标管理，同步推进产业结构和能源消费结构调整，有效落实节能优先方针，全面提升城乡优质用能水平，从根本上抑制不合理消费，大幅度提高能源利用效率，加快形成能源节约型社会。

一、坚决控制能源消费总量

中国以控制能源消费总量和强度为核心，完善措施、强化手段，建立健全用能权制度，形成全社会共同治理的能源总量管理体系。

实施能源消费总量和强度"双控"。把能源消费总量、强度目标作为经济社会发展的重要约束性指标，推动形成经济转型升级的倒逼机制。合理区分控制对象，重点控制煤炭消费总量和石油消费增量，鼓励可再生能源消费。建立控制指标分解落实机制，综合考虑能源安全、生态环境等因素，贯彻区域发展总体战略和主体功能区战略，结合各地资源禀赋、发展现状、发展潜力，兼顾发展质量和社会公平。实施差别化总量管理，大气污染重点防控地区严格控制煤炭消费总量，实施煤炭消费减量替代，扩大天然气替代规模。东部发达地区化石能源消费率先达到峰值，加强重点行业、领域能源消费总量管理。严格节能评估审查，从源头减少不合理能源消费。

构建用能权制度。用能权是经核定允许用能单位在一定时期内消费各类能源量的权利，是控制能源消费总量的有效手段和长效机制。建立健全用能权初始分配制度，确保公平、公开。推进用能预算化管理，保障优质增量用能，淘汰劣质低效用能，坚持节约用能，推动用能管理科学化、自动化、精细化。培育用能权交易市场，开展用能权有偿使用和交易试点，研究制定用能权管理的相关制度，加强能力建设和监督管理。

二、调整能源消费结构

中国大力调整产业结构，推动产业结构调整与能源结构优化互驱共进，使能源消费结构更加绿色、高效。

2018 年，中国新能源汽车销量达到 125.6 万辆，比上年增长 61.7%。图为广东省深圳市正在充电的纯电动出租车。

以能源消费结构调整推动传统产业转型升级。提高市场准入标准，限制高能耗、高污染产业发展及煤炭等化石能源消费。推动制造业绿色改造升级，化解过剩产能，依法依规淘汰煤炭、钢铁、建材、石化、有色、化工等行业环保、能耗、安全生产不达标和生产不合格落后产能，促进能源消费清洁化。统筹考虑国内外能源市场和相关产业变化情况，灵活调节进出口关税，推进外贸向优质优价、优进优出转变，减少高载能产品出口。

以产业结构调整促进能源消费结构优化。大力发展战略性新兴产业，实施智能制造工程，加快节能与新一代信息技术、新能源汽车、新材料、生物医药、先进轨道交通装备、电力装备、航空、电子及信息产业等先进制造业发展，培育能耗排放低、质量效益好的新增长点。提高服务业比重，推动生产性服务业向专业化和价值链高端延伸、生活性服务业向精细化和高品质转变，促进服务业更多使用清洁能源。通过实施绿色标准、绿色管理、绿色生产，加快传统产业绿色改造，大力发展低碳产业，推动产业体系向集约化、高端化升级，实现能源消费结构清洁化、低碳化。

三、深入推进节能减排

坚持节能优先总方略，把节能贯穿于经济社会发展全过程和各领域，健全节能标准和计量体系，完善节能评估制度，全面提高能源利用效率，推动完善污染物和碳排放治理体系。

把工业作为推动能源消费革命的重点领域。综合运用法律、经济、技术等手段，调整工业用能结构和方式，促进能源资源向工业高技术、高效率、高附加值领域转移，推动工业部门能耗尽早达峰。对钢铁、建材等耗煤行业实施更加严格的能效和排放标准，新增工业产能主要耗能设备能效达到国际先进水平。大力推进低碳产品认证，促进低碳生产。重构工业生产和组织方式，全面推进工业绿色制造，推动绿色产品、绿色工厂、绿色园区和绿色供应链全面发展。加快工艺流程升级与再造，以绿色设计和系统优化为重点，推广清洁低碳生产，促进增产不增能甚至增产降能。以新材料技术为重点推行材料替代，降低原材料使用强度，提高资源回收利用水平。推行企业循环式生产、产业循环式组合、园区循环式改造，推进生产系统和生活系统循环链接。充分利用工业余热余压余气，鼓励通过"能效电厂"工程提高需求侧节能和用户响应能力。

充分释放建筑节能潜力。建立健全建筑节能标准体系，大力发展绿色建筑，推行绿色建筑评价、建材论证与标识制度，提高建筑节能标准，推广超低能耗建筑，提高新建建筑能效水平，增加节能建筑比例。加快既有建筑节能和供热计量改造，实施公共建筑能耗限额制度，对重点城市公共建筑及学校、医院等公益性建筑进行节能改造，推广应用绿色建筑材料，大力发展装配式建筑。严格建筑拆除管理，遏制不合理的"大拆大建"。全面优化建筑终端用能结构，大力推进可再生能源建筑应用，推动农村建筑节能及绿色建筑发展。

全面构建绿色低碳交通运输体系。优化交通运输结构，大力发展铁路运输、城市轨道交通运输和水运，减少煤炭等大宗货物公路长途运输，加快零距离换乘、无缝衔接交通枢纽建设。倡导绿色出行，进一步发展公共交通和慢行交通，提高出行信息服务能力。统筹油、气、电等多种交通能源供给，积极推动油品质量升级，全面提升车船燃料消耗量限值标准，推进现有码头岸电设施改造，新建码头配套建设岸电设施，鼓励靠港船舶优先使用岸电，实施多元替代。加快发展第三方物流，优化交通需求管理，提高交通运输系统整体效率和综合效益。

实施最严格的减排制度。坚决控制污染物排放，主动控制碳排放，建立健全排污权、碳排放权初始分配制度，培育和发展全国碳排放权交易市场。强化主要污染物减排，重点加强钢铁、化工、电力、水泥、氮肥、造纸、印染等行业污染控制，实施工业污染源全面达标排放行动，控制移动源污染物排放。全面推进大气中细颗粒物防治。构建机动车船和燃料油环保达标监管体系。扩大污染物总量控制范围，加快重点行业污染物排放标准修订。提高监测预警水平，建立完善全国统一的实时在线环境监控系统，加强执法监督检查。依法做好开发利用规划环评，严格建设项目环评，强化源头预防作用和刚性约束，加快推行环境污染第三方治理。

四、推动城乡电气化发展

结合新型城镇化、农业现代化建设，拓宽电力使用领域，优先使用可再生能源电力，同步推进电气化和信息化建设，开创面向未来的能源消费新时代。

大幅提高城镇终端电气化水平。实施终端用能清洁电能替代，大力推进城镇以电代煤、以电代油。加快制造设备电气化改造，提高城镇产业电气化水平。提高铁路电气化率，超前建设汽车充电设施，完善电动汽车及充电设施技术标准，加快全社会普及应用，大幅提高电动汽车市场销量占比。淘汰煤炭在建筑终端的直接燃烧，鼓励利用可再生电力实现建筑供热（冷），逐步普及太阳能发电与建筑一体化。

全面建设新农村新能源新生活。切实提升农村电力普遍服务水平，完善配电网建设及电力接入设施、农业生产配套供电设施，缩小城乡生活用电差距。加快转变农业发展方式，推进农业生产电气化。实施光伏（热）扶贫工程，探索能源资源开发中的资产收益扶贫模式，助推脱贫致富。结合农村资源条件和用能习惯，大力发展太阳能、浅层地热能、生物质能等，推进用能形态转型，使农村成为新能源发展的"沃土"，建设美丽宜居乡村。

加速推动电气化与信息化深度融合。保障各类新型合理用电，支持新产业、新业态、新模式发展，提高新消费用电水平。通过信息化手段，全面提升终端能源消费智能化、高效化水平，发展智慧能源城市，推广智能楼宇、智能家居、智能家电，发展智能交通、智能物流。培育基于互联网的能源消费交易市场，推进用能权、碳排放权、可再生能源配额等网络化交易，发展能源分享经济。加强终端用能电气化、信息化安全运行体系建设，保障能源消费安全可靠。

五、树立勤俭节约消费观

中国充分调动人民群众的积极性、主动性和创造性，大力倡导合理用能的生活方式和消费模式，推动形成勤俭节约的社会风尚。

增强全民节约意识。牢固树立尊重自然、顺应自然、保护自然的理念，增强环保意识、生态意识，积极培育节约文化，使节约成为社会主流价值观，加快形成人与自然和谐发展的能源消费新格局。把节约高效作为素质教育的重要内容。发挥公共机构典型示范带动作用，大力提倡建设绿色机关、绿色企业、绿色社区、绿色家庭。加强绿色消费宣传，坚决抵制和反对各种形式的奢侈浪费、不合理消费。

培育节约生活新方式。开展绿色生活行动，推动全民在衣食住行游等方面加快向文明绿色方式转变。继续完善小排量汽车和新能源汽车推广应用扶持政策体系。适应个性化、多元化消费需求发展，引导消费者

自 1990 年以来，中国每年开展全国节能宣传周活动，普及节能知识和法律，公众节能意识明显提高。

购买各类节能环保低碳产品，减少一次性用品使用，限制过度包装。推广绿色照明和节能高效产品。

完善公众参与制度。增强公众参与程度，扩大信息公开范围，在使全体公民普遍享有现代能源服务的同时，保障公众知情权。健全举报、听证、舆论和公众监督制度。发挥社会组织和志愿者作用，引导公众有序参与能源消费各环节。

六、推动能源结构优化

中国持续推动能源结构优化。加强煤炭安全绿色开发和清洁高效利用，推广使用优质煤、洁净型煤，推进煤改气、煤改电，鼓励利用可再生能源、天然气、电力等优质能源替代燃煤使用。因地制宜发展海岛太阳能、海上风能、潮汐能、波浪能等可再生能源。安全发展核电，有序发展水电和天然气发电，协调推进风电开发，推动太阳能大规模发展和多元化利用，增加清洁低碳电力供应。对超出规划部分可再生能源消费量，不纳入能耗总量和强度目标考核。在居民采暖、工业与农业生产、港口码头等领域推进天然气、电能替代，减少散烧煤和燃油消费。按规划，到 2020 年，煤炭占能源消费总量比重下降到 58% 以下，电煤占煤炭消费量比重提高到 55% 以上，非化石能源占能源消费总量比重达到 15%，天然气消费比重提高到 10% 左右。

第二节
能源消费革命的主要做法

一、加快推进工业节能与绿色发展

中国已成为名副其实的工业大国。据统计,在 500 多种主要工业品中,中国有 220 多种产品的产量居全球第一位。工业化的快速大规模推进也消耗了大量的资源和能源。2018 年,中国能源消费总量达 46.4 亿吨标准煤,比上年增长 3.3%;其中,工业能耗占比接近 70%,资源环境承载力已接近上限。因此,加快推进工业节能,促进工业领域的能源消费革命,对于实现总体能源安全目标具有十分关键的意义。

(一)推动重点领域工业节能

2019 年,工业和信息化部及国家开发银行联合发布了《关于加快推进工业节能与绿色发展的通知》,大力支持工业节能降耗、降本增效,实现绿色发展。通知指出，将重点支持以下领域的工业节能[①]：

1. 工业能效提升

支持重点高耗能行业应用高效节能技术工艺，推广高效节能锅炉、电机系统等通用设备，实施系统节能改造。促进产城融合，推动利用低品位工业余热向城镇居民供热。支持推广高效节水技术和装备，实施水效提升改造。支持工业企业实施传统能源改造，推动能源消费结构向绿色低碳转型，鼓励开发利用可再生能源。支持建设重点用能企业能源管控中心，提升能源管理信息化水平，加快绿色数据中心建设。

2. 清洁生产改造

推动焦化、建材、有色金属、化工、印染等重点行业企业实施清洁生产改造，在钢铁等行业实施超低排放改造，从源头削减废气、废水及固体废物产生。

3. 资源综合利用

支持实施大宗工业固废综合利用项目。重点推动长江经济带磷石膏、冶炼渣、尾矿等工业固体废物综合利用。在有条件的城镇推动水泥窑协同处置生活垃圾，推动废钢铁、废塑料等再生资源综合利用。重点支持开展退役新能源汽车动力蓄电池梯级利用和再利用。重点支持再制造关键工艺技术装备研发应用与产业化推广，推进高端智能再制造。

4. 绿色制造体系建设

支持企业参与绿色制造体系建设，创建绿色工厂，发展绿色园区，开发绿色产品，建设绿色供应链。重点支持国家级绿色制造体系相关的企业和园区。

---

① 《两部门关于加快推进工业节能与绿色发展的通知》，中国政府网 2019 年 3 月 31 日，http://www.gov.cn/xinwen/2019-03/31/content_5378459.htm。

（二）开展工业能效赶超行动

根据《"十三五"全民节能行动计划》，中国开展了工业能效赶超行动。工业能源消费是中国能源消费的重点领域。该计划提出，要通过全面落实《中国制造 2025》，推动工业绿色转型升级，全面提高工业能源利用效率和清洁化水平，"十三五"时期（2016—2020 年）规模以上单位工业增加值能耗降低 18%，力争 2020 年工业能源消费达到峰值，电力、钢铁、建材、石化、化工、有色、煤炭、纺织、造纸等重点耗能行业能效水平达到国际先进水平。行动内容包括：

1. 推动工业结构优化升级

加快发展先进制造业等高附加值产业，培育战略性新兴产业等新的经济增长点，合理规划产业和地区布局，推动工业发展逐步从资源、劳动密集型向资本、技术密集型转变。有效化解过剩产能，严格节能审查，

华电九江分布式能源站是国内首个工业园分布式能源项目。该能源站以"西气东输"入赣天然气为燃料，通过能源梯级利用，向工业园区提供工业蒸汽、采暖、空调制冷和生活热水，有效降低能源消耗，减少环境污染。图为工作人员检查能源站余热锅炉。

严控高耗能行业产能扩张。加强工业领域节能监察，组织实施国家重大工业节能专项监察，强化能耗执法，依法淘汰落后的生产工艺、技术和设备。探索从全生命周期推动工业节能，不断优化工业产品结构，推进产品生态设计，推广复合材料和高强度材料，减少生产过程中初级原材料投入和能源消耗，积极开发高附加值、低消耗、低排放产品。

2.大力推进工业能效提升

贯彻强制性单位产品能耗限额标准，在电解铝、水泥等行业落实阶梯电价和差别电价等相关价格政策，定期开展能源审计、能效诊断，发掘节能潜力。加强工业能源管理信息化建设，进一步提升钢铁、建材、石化、化工、有色、轻工等行业能源管理信息化、智能化水平，推进新一代信息技术与制造技术融合发展，把智能制造作为信息化和工业化融合主攻方向，用互联网＋、云计算、大数据、工业机器人、智能制造等手段，提升工业生产效率，降低工业能耗。开展节能低碳电力调度。推进工业领域电力需求侧管理，从供需两侧共同发力，促进电力需求侧与供给侧互动响应，建设工业领域电力需求侧管理数据平台，提升工业企业电力需求侧管理水平。鼓励采取合同能源管理方式实施节能技术改造，探索通过能源托管方式降低用能成本。

3.开展高耗能行业能效对标达标

选择电力、钢铁、建材、石化、化工、有色、煤炭、纺织、造纸等高耗能行业，从单位产品能耗水平先进的企业中遴选领跑者，编制行业能效对标指南，鼓励全行业以领跑企业为目标开展能效对标达标活动，适时将领跑者能效指标纳入能耗限额强制性国家标准，加快行业整体技术进步。

二、再电气化推进中国能源革命发展

能源清洁转型进程中，可再生能源的大规模利用一般是通过转化为电能来实现的。电力毫无疑问将在能源转型中发挥核心作用，电能的清洁生产与广泛利用是关乎能源转型成败的关键。

能源消费革命，很大程度上体现为再电气化和清洁电气化的过程。在能源消费环节，再电气化是指电能对煤炭、石油等终端化石能源的广泛替代，从而显著提高电能在终端能源消费中的比重。通过再电气化来满足各种用能需求，将成为生产生活方式变革的常态。

如前所述，清洁能源消纳是再电气化的关键之一。在坚持以电力为中心、以电网为平台、以提高电气化水平为目标的前提下，必须做好三个"统筹"：统筹推进能源结构调整和布局优化；统筹做好清洁能源开发、输送和需求之间的衔接；统筹推进市场机制建设、网络平台建设、调峰能力建设和关键技术攻关。同时，要充分发挥电网的能源转换枢纽和基础平台作用，为清洁能源大规模并网消纳和电力替代其他终端能源提供有力支撑。

为实现绿色、低碳、可持续发展，近年来中国大力推进能源生产和消费革命，取得了举世瞩目的成就。截至 2017 年底，中国水电、风电、太阳能发电装机分别达到 3.4 亿、1.6 亿和 1.3 亿千瓦，均居世界首位。大量清洁能源通过特高压电网，从西部地区源源不断地输送到东部地区。通过实施清洁供暖、建设港口岸电等措施，国家电网公司累计推广以电代煤、以电代油项目 10 万余个，完成替代电量 3600 亿千瓦时。与 2000 年相比，中国电能占终端能源消费的比重提高了 12 个百分点，比全球平均增幅高 8 个百分点[①]。

在国家相关政策的支持下，预计 2030 年，中国清洁能源发电装机占总装机的比重将达到 55% 左右，电能占终端能源消费的比重将提高到 30% 左右。

三、对外开放推动中国能源消费革命

改革开放 40 多年来，中国已成为世界主要能源进口国，对外开放推动了中国能源发展和能源转型。能源国际合作的不断深化，将进一步推动中国能源生产和消费革命，同时也将为全球能源发展和转型提供机遇。

2017 年以来，受宏观经济稳中向好、大气污染防治力度加大等多重因素影响，中国国内天然气消费显著增长。为弥补供需缺口，并促进中国能源结构进一步优化，2019 年中国共进口液化天然气 6025 万吨，同比上涨 12.2%。

为了更好地扩大能源进口，中国出台了一系列利好政策。2018 年 3 月，财政部宣布，暂不征收符合条件的境外机构、个人投资者的原油期货交易企业所得税和个人所得税。商务部发布了专门针对浙江自贸区的新政，放宽原油、成品油资质和配额限制，支持赋予符合条件的 2~3 家自贸试验区内企业原油进口和使用资质。政策一出，沙特阿美、埃克森美孚、雪佛龙、壳牌等一大批境外石油巨头纷纷提出了申请。

如今，在浙江舟山岙山石油码头，每天都有大型油轮到港卸油，每个月就有 4~5 种全新的油种从这里进入中国市场，目前已经达到 104 种，

---

① 舒印彪：《加快再电气化进程，促进能源生产和消费革命》，《人民政协报》2018 年 3 月 7 日。

进口来源国达到 32 个。^①

四、促进交通运输节能

中国不断促进交通运输节能。加快推进综合交通运输体系建设，发挥不同运输方式的比较优势和组合效率，推广甩挂运输等先进组织模式，提高多式联运比重。大力发展公共交通，推进"公交都市"创建活动，到 2020 年大城市公共交通分担率将达到 30%。促进交通用能清洁化，大力推广节能环保汽车、新能源汽车、天然气（CNG/LNG）清洁能源汽车、液化天然气动力船舶等，并支持相关配套设施建设。提高交通运输工具能效水平，到 2020 年新增乘用车平均燃料消耗量降至 5.0 升 / 百公里。推进飞机辅助动力装置（APU）替代、机场地面车辆"油改电"、新能源应用等绿色民航项目实施。推动铁路编组站制冷 / 供暖系统的节能和燃煤替代改造。推动交通运输智能化，建立公众出行和物流平台信息服务系统，引导培育"共享型"交通运输模式。

交通运输是石油消费的主要行业，也是节能的重要领域。能源成本占交通运输企业总成本的 30%~40%。大力推进交通运输节能，不仅是推进交通运输绿色发展的重要内容，也是降低企业用能成本的重要途径。"十三五"时期（2016—2020 年），中国大力开展交通节能推进行动，目标是到 2020 年铁路单位运输工作量综合能耗降低 5%，营运客车、货车单位运输周转量能耗降低 2.1%、6.8%，营运船舶单位运输周转量能耗降低 6%，民航业单位运输周转量能耗降低 7%。行动内容主要包括：

---

① 《对外开放推动我国能源消费革命》，央广网 2018 年 5 月 21 日，http://news.cnr.cn/native/gd/20180521/t20180521_524240172.shtml。

满载原油的外国油轮在宁波—舟山港原油码头卸油。

1. 构建节能高效的综合交通物流体系

加快高铁和铁路基础设施建设，提升核心铁路网的密度和运输能力。打造完善、无缝衔接、方便舒适的城市公共交通服务体系，提升公共出行比重。加快内河高等级航道及港口等物流节点集疏运体系建设，大力发展铁水联运、公铁联运等多式联运和铁路集装箱运输、水水中转，促进不同运输方式的合理分工和有效衔接，提高铁路和水运在中长距离货物运输中的比重。发展甩挂运输，建设便捷、高效、信息化的物流平台、物流园、物流中心。到 2020 年，常住人口百万人以上大城市公共出行比重达到 30% 以上。

2. 推进交通运输用能清洁化

在资源适宜地区推广天然气车船，加强主要高速公路、道路沿线天然气加气站建设，稳步推进水上液化天然气加注站建设。提升铁路系统电气化水平，实施港口岸电改造工程。大力推广节能与新能源汽车，集中突破电动汽车关键技术，健全消费者补贴及递减退出制度，适度超前建设充电桩、配套电网等基础设施，依托充电智能服务平台，形成较为完善的充电基础设施体系。到2020年，新能源汽车保有量提高到500万辆。

3. 提高交通运输工具能效水平

逐步提高车辆燃油经济性标准，加快油品质量升级。发展高效载货汽车，采用制动能量回收系统、复合材料等提高车辆燃油经济性。发展智能交通，建立公众出行信息服务系统，降低空载率和不合理客货运周转量。到2020年，节能型汽车燃料消耗量降至4.5升/百公里以下，新增乘用车平均燃料消耗量降至5.0升/百公里。

五、推动建筑节能

建筑用能约占中国能源消费的11%左右。中国高度重视建筑节能，持续推动建筑节能和绿色建筑事业发展。

根据《建筑节能与绿色建筑发展"十三五"规划》，"十三五"时期（2016—2020年），建筑节能与绿色建筑发展的总体目标是：建筑节能标准加快提升，城镇新建建筑中绿色建筑推广比例大幅提高，既有建筑节能改造有序推进，可再生能源建筑应用规模逐步扩大，农村建筑节能实现新突破，使中国建筑总体能耗强度持续下降，建筑能源消费结构逐步改善，建筑领域绿色发展水平明显提高。

具体目标是：到2020年，城镇新建建筑能效水平比2015年提升20%，部分地区及建筑门窗等关键部位建筑节能标准达到或接近国际现阶段先进水平。城镇新建建筑中绿色建筑面积比重超过50%，绿色建材应用比重超过 40%。完成既有居住建筑节能改造面积 5 亿平方米以上，公共建筑节能改造 1 亿平方米，全国城镇既有居住建筑中节能建筑所占比例超过 60%。城镇可再生能源替代民用建筑常规能源消耗比重超过 6%。经济发达地区及重点发展区域农村建筑节能取得突破，采用节能措施比例超过 10%。

建筑是节能的重点领域之一，建筑能耗具有能耗"锁定"效应。中国存量建筑有 500 多亿平方米，每年新建建筑约有 20 亿平方米，建筑能耗在中国能源消费中比重不断提升。为进一步加强建筑节能工作，中国开展了建筑能效提升行动。行动内容包括：

1. 大幅提升新建建筑能效

编制绿色建筑建设标准，提高建筑节能标准要求，严寒及寒冷地区城镇新建居住建筑加快实施更高水平的地方建筑节能强制性标准，逐步扩大绿色建筑标准强制执行范围。实施绿色建筑全产业链发展行动，推进高水平高性能绿色建筑发展，积极开展超低能耗或近零能耗建筑（小区）建设示范。推进建造方式绿色化，推广装配式住宅，鼓励发展现代钢结构建筑。推动绿色节能农房建设试点。引导绿色建筑开发单位及物业管理单位更加注重绿色建筑运营管理，实现绿色设计目标，加快培育绿色建筑消费市场，定期发布绿色建筑信息。

2. 深化既有居住建筑节能改造

深入推进既有居住建筑节能改造，因地制宜提高改造标准，开展超低能耗改造试点。在夏热冬冷地区，积极推广以外遮阳、通风、绿化及兼顾保温隔热功能为主要内容的既有居住建筑节能和绿色化改造。积极探索夏热冬暖地区既有居住建筑节能和绿色化改造技术路线。

3. 大力推动公共建筑节能运行与改造

深入推进公共建筑能耗统计、能源审计及能效公示工作。进一步加强公共建筑能耗监测平台建设。探索建立基于能耗数据的重点用能建筑管理制度及公共建筑能效比对制度。支持采用合同能源管理、政府和社会资本合作（PPP）等市场化方式，对公共建筑进行节能改造。继续做好节能型学校、医院、科研院所建设，积极开展绿色校园、绿色医院政策标准制定及建设试点工作。

4.优化建筑用能结构

大力推广可再生能源与建筑一体化，推动太阳能光伏在建筑上的分布式应用，鼓励推广太阳能热水器、空气源热泵热水器，有条件地区新建建筑应当按相关技术规范要求预留安装位置。实施城市智慧热网试点，科学推进供热计量，条件适宜地区优先利用工业余热和浅层地能为建筑供暖。加快新型可再生能源建筑应用技术、产品、设备的研发与推广。在夏热冬冷地区积极推广水源、空气源、污水源热泵等。推广红外线灶、

目前，中国的绿色建筑面积占城镇新建民用建筑面积比例已超过40%。图为山东省青岛市中德生态园技术中心超低能耗建筑。

聚能灶等高效清洁灶具，鼓励太阳能、生物质能等在农村地区的规模化应用，推广被动式太阳能房建设。

六、强化用能设备节能管理

近年来，中国不断强化重点用能设备节能管理。加强高耗能特种设备节能审查和监管，构建安全、节能、环保三位一体的监管体系。组织开展燃煤锅炉节能减排攻坚战，推进锅炉生产、经营、使用等全过程节能环保监督标准化管理。普及锅炉能效和环保测试，强化锅炉运行及管理人员节能环保专项培训。开展锅炉节能环保普查整治，建设覆盖安全、节能、环保信息的数据平台，开展节能环保在线监测试点并实现信息共享。开展电梯能效测试与评价，在确保安全的前提下，鼓励永磁同步电机、变频调速、能量反馈等节能技术的集成应用，开展老旧电梯安全节能改造工程试点。推广高效换热器，提升热交换系统能效水平。加快高效电机、配电变压器等用能设备的开发和推广应用，淘汰低效电机、变压器、风机、水泵、压缩机等用能设备，全面提升重点用能设备的能效水平。

中国开展了节能重点工程推进行动，组织实施节能重点工程，激发市场主体节能的主动性，促进先进节能技术、装备和产品的推广应用。行动内容包括：

1. 余热暖民工程

选择 150 个具备条件的市（县、区），开展余热暖民项目示范，通过建设高效采集、管网输送、终端利用供热体系，回收工业低品位余热为居民供热，探索建立余热资源用于供热的典型模式。到 2020 年，替代燃煤供热 20 亿平方米以上，减少供热用原煤 5000 万吨以上。

2. 燃煤工业锅炉节能环保综合提升工程

发布高效节能锅炉推广目录，推进燃煤锅炉"以大代小"，推广节能环保煤粉锅炉。鼓励综合采用锅炉燃烧优化、二次送风、自动控制、余热回收、太阳能预热、主辅机优化、热泵、冷凝水回收等技术实施锅炉系统节能改造，提高运行管理水平和热效率。改善燃料品质，2020年燃煤锅炉全部使用洗选煤，逐步提高工业锅炉燃用专用煤的比例。"十三五"时期形成5000万吨标准煤的节能能力。

3. 电机系统能效提升工程

推进电机系统调节方式改造，重点开展高压变频调速、永磁调速、内反馈调速、柔性传动等节能改造，支持基于互联网的电机系统能效监测、故障诊断、优化控制平台建设。鼓励采用高效电动机、风机、压缩机、水泵、变压器替代低效设备，加快系统无功补偿改造。2020年电机系统运行效率比2015年提高3~5个百分点，形成4000万吨标准煤的节能能力。

4. 绿色照明工程

以城市道路 / 隧道照明节能改造为重点，加快半导体照明关键设备、核心材料的研发和产业化，支持技术成熟的半导体通用照明产品的推广应用。到2020年，在200个城市、县实施道路照明节能改造工程，推广1000万余盏LED路灯，形成节电能力100亿千瓦时左右。

5. 重点用能单位综合能效提升工程

围绕高耗能行业企业，加快工艺革新，实施系统节能改造和能效提升，鼓励先进节能技术的集成优化运用，推动节能从局部、单体节能向全流程、系统节能转变。以电力、钢铁、建材、石化、化工、有色、煤炭、纺织、造纸等行业为重点，深入开展重点行业重点用能单位能效综合提升工程，支持约500家大型重点用能单位实施能量系统优化、燃煤锅炉节能改造、电机系统等用能设备节能改造、生产工艺节能改造，并建立能源管理体系。

6. 合同能源管理推进工程

推进合同能源管理工作，落实支持政策，降低企业用能成本。鼓励合同能源管理项目融资创新，通过"债投""债贷"结合等方式支持项目实施。"十三五"时期形成8000万吨标准煤的节能能力。

7. 城镇化节能升级改造工程

优化升级城市能源基础设施，加快电力需求侧管理平台开发建设，统筹规划新增用能区域和既有用能区域系统改造。推动用能单位实施需求侧和供给侧互动响应、电能替代和用电设备智能化改造，针对电、热、冷、气等多种用能需求，因地制宜、统筹开发，互补利用传统能源和新能源，优化布局建设一体化集成供能基础设施，通过建设分布式供能系统和智能微网，扩大天然气、电力、分布式可再生能源等清洁能源供应和消纳能力，实现多能协同供应和能源综合梯级利用，系统提升城市终端供用能效率。对企业用能较为集中的园区、开发区等区域，将生产用蒸汽和热水供应纳入能源基础设施建设，减少小锅炉使用。对集中供热地区实施节能升级改造，减少管网漏损。对未纳入集中供暖的长江经济带等夏热冬冷地区，推广高效地能、江水源热泵，加大浅层地能开发力度，实施城镇冷热一体化供应节能改造。

8. 煤炭消费减量替代工程

大力化解钢铁、水泥、玻璃等高耗能行业过剩产能，大幅压减煤炭消费。实施煤炭清洁高效利用行动计划，在焦化、煤化工、工业锅炉、窑炉等重点用煤领域，推进煤炭清洁、高效、分质利用。有条件的地区，有序推进煤改气、煤改电、工业副产可燃气制备天然气，利用可再生能源、天然气、电力等优质能源替代煤炭特别是散煤的消费。实施"地能暖村"节能减煤示范工程，鼓励因地制宜开发利用浅层地能替代散煤。到2020

年，形成减量和替代原煤消费能力6000~9000万吨。

9. 能量系统优化工程

按照能源梯级利用、系统优化的原则，对工业窑炉实施节能改造，推广应用热源改造、燃烧系统改造、窑炉结构改造等技术。推广普及中低品位余热余压利用技术，尤其是提高中小型企业余热余压利用率，推进余热余压利用技术与工艺节能相结合，提高企业余热余压回收利用效率。深入挖掘系统节能潜力，提升系统能源效率。推广新型高效工艺技术路线，提高行业能源使用效率。到2020年，形成5000万吨标准煤的节能能力。

10. 节能技术产业化示范工程

围绕节能减煤和化石能源清洁高效燃烧，重点支持中低品位余热的有机郎肯循环和螺杆膨胀发电、低品位余热用于城镇供热、燃煤锅炉超高能效和超低排放燃烧、工业用煤气化燃烧、水煤超临界制氢、民用散煤清洁高效燃烧、浅层地能开发利用、半导体照明等关键技术和装备产业化示范，加快推广高温高压干熄焦、无球化节能粉磨、新型结构铝电解槽、电炉钢等短流程工艺和智能控制等先进技术，实施一批重大节能技术示范工程。

七、推动服务业与农业农村节能

中国积极推动商贸流通领域节能。推动零售、批发、餐饮、住宿、物流等企业建设能源管理体系，建立绿色节能低碳运营管理流程和机制，加快淘汰落后用能设备，推动照明、制冷和供热系统节能改造。贯彻绿色商场标准，开展绿色商场示范，鼓励商贸流通企业设置绿色产品专柜，推动大型商贸企业实施绿色供应链管理。完善绿色饭店标准体系，推进

位于云南省寻甸县额秧村的光伏太阳能脱贫示范工程项目，为 68 座现代化农业蔬菜大棚和 11 座食用菌棚发电，实现"棚上发电、棚下种植"。

绿色饭店建设。加快绿色仓储建设，支持仓储设施利用太阳能等清洁能源，鼓励建设绿色物流园区。

中国稳步推进农业农村节能。加快淘汰老旧农业机械，推广农用节能机械、设备和渔船，发展节能农业大棚。推进节能及绿色农房建设，结合农村危房改造稳步推进农房节能及绿色化改造，推动城镇燃气管网向农村延伸和省柴节煤灶更新换代，因地制宜采用生物质能、太阳能、空气热能、浅层地热能等解决农房采暖、炊事、生活热水等用能需求，提升农村能源利用的清洁化水平。鼓励使用生物质可再生能源，推广液化石油气等商品能源。到 2020 年，全国农村地区基本实现稳定可靠的供电服务全覆盖，鼓励农村居民使用高效节能电器。

第四章

中国方案（三）：实现能源绿色转型，建设生态文明

发展清洁能源是能源安全的重要目标之一。在经济与安全的要求下，实现清洁能源目标并不容易。实现从传统能源向清洁能源的转型，是中国面临的重大挑战，也是全世界需要共同迎接的课题。与其他国家相比，中国在实现向清洁能源转型方面所面临的挑战更为复杂。中国正在大力推进生态文明建设，这将为世界实现绿色能源转型提供全面的探索和案例。

第一节
基本方针与政策

中共十八大以来，中国把生态文明建设作为统筹推进"五位一体"（经济建设、政治建设、文化建设、社会建设、生态文明建设）总体布局和协调推进"四个全面"（全面建成小康社会、全面深化改革、全面依法治国、全面从严治党）战略布局的重要内容，开展了一系列根本性、开创性、长远性的工作，提出了一系列新理念新思想新战略，污染治理力度之大、制度出台频度之密、监管执法尺度之严、环境质量改善速度之快前所未有。

一、建设生态文明是实现中华民族伟大复兴的重要内容

中共十八大以来，中国加快推进生态文明顶层设计和制度体系建设。先后制定和修改了环境保护法、环境保护税法、大气污染防治法、水污染防治法和核安全法等法律。相继出台了《关于加快推进生态文明建设的意见》《生态文明体制改革总体方案》，制定了40多项涉及生态文明建设的改革方案，从总体目标、基本理念、主要原则、重点任务、制

度保障等方面对生态文明建设进行全面系统部署安排。生态文明建设目标评价考核、自然资源资产离任审计、生态环境损害责任追究等制度出台实施，主体功能区制度逐步健全，省以下环保机构监测监察执法垂直管理、生态环境监测数据质量管理、排污许可、河（湖）长制、禁止洋垃圾入境等环境治理制度加快推进，绿色金融改革、自然资源资产负债表编制、环境保护税开征、生态保护补偿等环境经济政策制定和实施进展顺利。

中国大力推动绿色发展，取得明显成效。国土空间布局得到优化，京津冀、长江经济带省区市和宁夏等 15 个省区市的生态保护红线已经划定。供给侧结构性改革深入推进，产业结构不断优化，一大批高污染企业有序退出，京津冀及周边地区"散乱污"企业整治力度空前。能源消费结构发生了积极变化，中国成为世界利用新能源和可再生能源的第一大国。全面节约资源有效推进，资源消耗强度大幅下降。

中国率先发布《中国落实 2030 年可持续发展议程国别方案》，实施《国家应对气候变化规划（2014—2020 年）》，向联合国交存《巴黎协定》批准文书。中国消耗臭氧层物质的淘汰量占发展中国家总量的 50% 以上，成为对全球臭氧层保护贡献最大的国家。2017 年，中国同联合国环境署等国际机构一道，发起建立"一带一路"绿色发展国际联盟。

二、基本方针

中国实现绿色能源转型、建设生态文明的主要政策有两点：一是严格控制污染物排放，减轻环境污染；二是有效实现温室气体减排，为应对全球气候变暖作出贡献。

中国作为负责任的发展中国家，高度重视环境保护和全球气候变化。

中国政府将保护环境作为一项基本国策，签署了《联合国气候变化框架公约》，成立了国家气候变化对策协调机构，提交了《气候变化初始国家信息通报》，建立了《清洁发展机制项目管理办法》，制订了《中国应对气候变化国家方案》，并采取了一系列与保护环境和应对气候变化相关的政策和措施。中国正在积极调整经济结构和能源结构，全面推进能源节约，重点预防和治理环境污染的突出问题，有效控制污染物排放，促进能源与环境协调发展。

——全面控制温室气体排放。中国加快转变经济发展方式，积极发挥能源节约和优化能源结构在减缓气候变化中的作用，努力降低化石能源消耗。大力发展循环经济，促进资源的综合利用，提高能源利用效率，减少温室气体排放。依靠科学技术进步，不断提高应对气候变化的能力，为保护地球环境作出积极贡献。

——大力防治生态破坏和环境污染。中国高度重视能源特别是煤炭的清洁利用，将其作为环境保护的重点，积极防治生态破坏和环境污染。加快采煤沉陷区的治理和煤层气的开发利用，建立并完善煤炭资源开发和生态环境恢复补偿机制。推进煤炭的有序开采，限制开采高硫高灰分煤炭，禁止开采含放射性和砷等有毒有害物质超过规定标准的煤炭。积极发展洁净煤技术，鼓励实施煤炭洗选、加工转化、洁净燃烧、烟气净化等技术。加快燃煤电厂脱硫设施建设，新建燃煤电厂必须根据排放标准安装并使用脱硫装置，现有燃煤电厂加快脱硫改造。在大中城市及近郊，严禁新建纯发电的燃煤电厂。

——积极防治机动车尾气污染。随着汽车工业的发展和人民生活水平的提高，中国机动车保有量迅速增加，防治机动车尾气污染成为环境保护的重要内容。中国正在积极采取有效措施，严格实施机动车排放标准，加强环保一致性检查，确保新生产机动车稳定达标；严格实施在用机动车环保年检制度；严格禁止制造、销售和进口超过排放标准的机动车；鼓励生产和使用低污染的清洁燃料机动车，鼓励生产混合动力汽车，支持发展轨道交通和电动公交车。

——严格能源项目的环境管理。加强对能源项目的环境管理，是实现能源建设与环境保护协调发展的有效措施。中国严格执行环境影响评价制度，通过严格环境准入制度抑制粗放型经济增长。新建、扩建和改建能源工程项目与环境保护设施同时设计、同时施工、同时投入使用。加强核电项目的安全管理，强化对已运行核电站、研究堆、核燃料循环设施的安全与辐射环境的监督管理，积极做好在建核电设施安全评审和监督工作。进一步加强水电建设中的生态环境保护，在满足江河流域综合开发利用的要求下，在保护中开发，在开发中保护，注重提高水资源的综合利用水平和生态环境效益。

三、构建清洁低碳新体系

根据《能源生产和消费革命战略（2016—2030）》，中国推动能源转型的主要政策是：立足资源国情，实施能源供给侧结构性改革，推进煤炭转型发展，提高非常规油气规模化开发水平，大力发展非化石能源，完善输配网络和储备系统，优化能源供应结构，形成多轮驱动、安全可持续的能源供应体系。

（一）推动煤炭清洁高效开发利用

煤炭是中国的主体能源和重要工业原料，支撑了中国经济社会快速发展，还将长期发挥重要作用。实现煤炭转型发展是中国能源转型发展的立足点和首要任务。

　　实现煤炭集中使用。多种途径推动优质能源替代民用散煤，大力推广煤改气、煤改电工程。制定更严格的煤炭产品质量标准，逐步减少并全面禁止劣质散煤直接燃烧，大力推进工业锅炉、工业窑炉等治理改造，降低煤炭在终端的分散利用比例，推动实现集中利用、集中治理。

　　大力推进煤炭清洁利用。建立健全煤炭质量管理体系，完善煤炭清洁储运体系，加强煤炭质量全过程监督管理。不断提高煤电机组效率，降低供电煤耗，全面推广世界一流水平的能效标准。加快现役煤电机组升级改造，新建大型机组采用超超临界等最先进的发电技术，建设高效、超低排放煤电机组，推动实现燃煤电厂主要污染物排放基本达到燃气电厂排放水平，建立世界最清洁的煤电体系。结合棚户区改造等城镇化建设，发展热电联产。在钢铁、水泥等重点行业以及锅炉、窑炉等重点领

国家能源集团江苏泰州电厂运用百万千瓦超超临界二次再热燃煤发电技术，创下发电效率、发电煤耗和环境指标三个"世界之最"。

域推广煤炭清洁高效利用技术和设备。按照严格的节水、节能和环保要求，结合生态环境和水资源承载能力，适度推进煤炭向深加工方向转变，探索清洁高效的现代煤化工发展新途径，适时开展现代煤化工基地规划布局，提高石油替代应急保障能力。

促进煤炭绿色生产。严控煤炭新增产能，做好新增产能与化解过剩产能衔接，完善煤矿正常退出机制，实现高质量协调发展。实施煤炭开发利用粉尘综合治理，限制高硫、高灰、高砷、高氟等煤炭资源开发。强化矿山企业环境恢复治理责任，健全采煤沉陷区防治机制，加快推进历史遗留重点采煤沉陷区综合治理。统筹煤炭与煤层气开发，提高煤矸石、矿井水、煤矿瓦斯等综合利用水平。加强煤炭洗选加工，提高煤炭洗选比例。促进煤炭上下游、相关产业融合，加快煤炭企业、富煤地区、资源枯竭型城市转产转型发展。

（二）增量需求主要依靠清洁能源

大力发展清洁能源，大幅增加生产供应，是优化能源结构、实现绿色发展的必由之路。推动清洁能源成为能源增量主体，开启低碳供应新时代。

推动非化石能源跨越式发展。坚持分布式和集中式并举，以分布式利用为主，推动可再生能源高比例发展。大力发展风能、太阳能，不断提高发电效率，降低发电成本，实现与常规电力同等竞争。因地制宜选择合理技术路线，广泛开发生物质能，加快生物质供热、生物天然气、农村沼气发展，扩大城市垃圾发电规模。创新开发模式，统筹水电开发经济效益、社会效益和环境效益。在具备条件的城市和区域，推广开发利用地热能。开展海洋能等其他可再生能源利用的示范推广。采用中国和国际最新核安全标准，安全高效发展核电，做好核电厂址保护，优化整合核电堆型，稳妥有序推进核电项目建设，加强铀资源地质勘查，实行保护性开采政策，规划建设核燃料生产、乏燃料后处理厂和放射性废物处置场。

积极推动天然气国内供应能力倍增发展。加强天然气勘查开发，建设四川、新疆等天然气生产供应区，加快推动鄂尔多斯盆地、沁水盆地与新疆等地区不同煤阶煤层气，以及四川盆地及外围、中下扬子地区、北方地区页岩气勘查开发，推动煤层气、页岩气、致密气等非常规天然气低成本规模化开发，稳妥推动天然气水合物试采。处理好油气勘查开发过程中的环境问题，严格执行环保标准，加大水、土、大气污染防治力度。

推动分布式成为重要的能源利用方式。在具备条件的建筑、产业园区和区域，充分利用分布式天然气、分布式可再生能源，示范建设相对独立、自我平衡的个体能源系统。根据分布式能源供应情况，合理布局产业集群，完善就近消纳机制，推动实现就地生产、就地消费。

第二节
中国能源转型的主要内容

按照领域分，中国能源转型主要分布在四大领域：电力系统转型、供热能源转型、交通能源转型、工业能源转型。本节对电力、供热和交通能源转型进行综述；工业能源转型主要指电能替代即电力能源转型，不再单独叙述。

一、电力系统转型

在电力体制改革不断深化，煤改电、煤改气、大力发展清洁能源发电和加快分布式发电建设等各项政策的推动下，在坚持生态环境保护优先、坚持发展非煤能源发电与煤电清洁高效有序利用并举、坚持节能减排的原则指导下，中国电力发展呈现出以火电、水电等传统能源发电为基础，以核电、风电、太阳能发电为代表的新型能源发电快速发展的态势。

（一）火电增长较平稳，所占比重逐年下降

2018 年，火力发电量 50963 亿千瓦时，比 2013 年增长 20.0%，远

图 4.1 中国电力生产结构

资料来源：国家统计局

图 4.2 电力生产及火电占比年度走势图

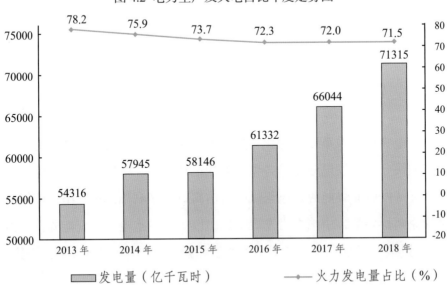

资料来源：国家统计局

图 4.3 2018 年各品种发电量占本地区发电比重最高的地区情况

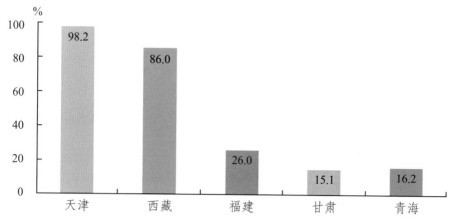

■火力发电占比 ■水力发电占比 ■核能发电占比 ■风力发电占比 ■太阳能发电占比

资料来源：国家统计局

低于清洁能源发电 71.8% 的增速。火力发电占比 71.5%，比 2013 年下降 6.7 个百分点，电力生产清洁低碳化趋势明显。分地区看，山东、江苏、内蒙古和广东火力发电量分列前四位，2018 年分别为 5525、4578、4164 和 3468 亿千瓦时，合计占全国的 34.8%。

（二）水电略有增长

2018 年，水力发电 12318 亿千瓦时，比 2013 年增加 3115 亿千瓦时，5 年间年均增长 6.0%。分地区看，四川、云南和湖北水力发电量分列前三位，分别为 3163、2695 和 1465 亿千瓦时，合计占全国水电总量的 59.5%，占比比 2013 年提高 6.7 个百分点。

（三）核电增长较快

中国核电技术快速发展，特别是"华龙 1 号"的自主研制成功，标志着中国完成核电技术的自主创新，中国核电迈向国际市场，进入新的阶段。

2018 年，全国核能发电量 2944 亿千瓦时，比 2013 年增长163.7%，年均增长 21.4%。分地区看，核电站主要分布于东部和南部沿海的辽宁、山东、江苏、浙江、福建、广东、广西和海南 8 个地区。其中，海南、广西和山东地区的核电站分别于 2015、2016 和 2018 年正式投产运行。

（四）风电快速增长

2018 年，全国风力发电量 3553 亿千瓦时，比 2013 年增长151.6%，年均增长 20.3%，占全部发电比重为 5.0%，比 2013 年提高 2.4个百分点。风电已成为中国第三大类型电源。风电的快速发展，是建立在产业技术水平显著提高、行业管理逐步完善，以及相关补贴政策出台落实的基础之上，得益于加快开发中东部和南方地区陆上风能资源、有序推进"三北"地区风电就地消纳利用的建设布局。

分地区看，内蒙古是中国最重要的风电基地，2018 年其风力发电量为 629 亿千瓦时，占全国的 17.7%。内蒙古、新疆和甘肃等西部风电富集地区风力发电量占本地区发电量比重均超过 10%。

（五）太阳能发电高速增长

2018 年，全国太阳能发电量 1536 亿千瓦时，比 2014 年增加 1284亿千瓦时，年均增长 57.2%。太阳能发电的高速发展，是基于中国光伏发电技术进步迅速、成本和价格不断下降，以及光伏设备制造产业化不断发展的基础之上的，并得益于光伏产业政策体系的建立和发展环境不断优化。特别是分布式光伏、"光伏 +"应用和光伏扶贫的大力推广，极大地推动了太阳能发电的发展。

分地区看，太阳能发电最多的四个地区是青海、新疆、内蒙古和河北，分别为 131、129、125 和 124 亿千瓦时；占本地区发电比重超过 5.0% 的地区分别为：青海 16.2%、西藏 8.7%、甘肃 6.0% 和宁夏 5.7%。

二、供热能源转型

《北方地区冬季清洁取暖规划（2017—2021）》明确提出，力争用 5 年左右时间，基本实现雾霾严重城市化地区的散煤供暖清洁化，形成公平开放、多元经营、服务水平较高的清洁供暖市场。

中国煤炭资源丰富，取暖方面的能源需求巨大。根据资源禀赋，中国城镇清洁供暖的下一步工作重点仍然是清洁燃煤供暖，将继续突出燃煤供暖的重要作用。

为实现供热能源转型，国家能源局于 2017 年出台了《关于促进可再生能源供热的意见》，主要有以下政策[①]。

（一）树立可再生能源优先理念，做好供热统筹规划

树立优先利用可再生能源理念，将可再生能源供热作为城乡能源规划的重要内容和优先供热方式，在农村散煤替代、城镇新区建设、旧城区改造、新农村建设、异地搬迁、产业园（区）建设的规划中，优先做好可再生能源供热资源评估，建立可再生能源与传统能源协同的多源互补和梯级利用的综合能源利用体系。在大气污染治理重点区域的"2+26"

---

① 国家能源局：《关于促进可再生能源供热的意见》，国家能源局网站 http://zfxxgk.nea.gov.cn/auto87/201704/P020170424554048673218.pdf。

城市和新能源电力富余的"三北"及区域能源转型综合应用示范地区，全面推广可再生能源供暖，积极推动可再生能源工业供热。

（二）积极推广地热能利用

鼓励地热能资源丰富地区建立地热能供热利用体系。在地热资源丰富地区，大力推广中深层地热供暖，在具备资源条件的中心城镇，将其作为首选集中供暖热源。在冬冷夏热、冷热双供需求旺盛的中部和南方地区开展浅层地热能利用。

（三）积极发展生物质能供热

因地制宜推进农林废弃物、城市垃圾等生物质能综合开发，推广先进低排放生物质成型燃料供热，在农作物秸秆资源量大的地区推行生物质热电联产集中供暖或工业供热。

（四）结合可再生能源消纳推广清洁电力供热

在风能、太阳能资源富集、供热需求量大、电力供应相对过剩的"三北"地区，以解决弃风弃光等问题为重点，结合可再生能源电力消纳推行清洁电力供热，利用富余可再生能源电力替代燃煤供热，同时因地制宜推广可再生能源电力与地热及低温热源结合的综合性绿色供热系统，提高清洁电力本地消纳利用。

（五）大力推广太阳能热利用多元化发展

在继续推广太阳能建筑一体化基础上，加快各类中高温太阳能热利用技术在工业领域应用，满足热水、取暖、蒸汽、制冷等各种品质用热/用冷需要。在适宜地区推广跨季太阳能蓄热工程供热。

（六）大力推动城镇可再生能源供热利用

在传统集中供暖地区，结合城市替代散煤供热，推广蓄热式电锅炉、中深层地热能供暖、生物质热电联产和成型燃料供热等可再生能源技术。在传统非集中供暖地区，重点普及地热能供暖制冷、太阳能、分散式可再生能源电采暖等技术。在医药、陶瓷、造纸、服装纺织等工业生产领域，充分利用地热能、生物质能、太阳能等可再生能源作为常规能源系统的基础热源。采用热泵等技术实现工业废物和余热资源的能源化利用。

（七）在农村地区全面推广可再生能源替代散煤

在人口密集的中心城镇、城市中心村、城乡接合部等地区，重点通过城区供热管网延伸扩大集中供暖范围。在离城镇较远的农村，重点采

河北雄县利用地热替代燃煤供暖，实现地热供暖全覆盖，成为全国首座"无烟城"。图为工人在检查雄县地热循环装置。

用小型集中式或分散式供暖，因地制宜采用清洁电力采暖、太阳能采暖、地热能采暖、沼气采暖、生物质成型燃料采暖以及组合采暖等方式。

（八）创新供热应用模式

通过可再生能源与化石能源耦合、可再生能源系统集成等模式，建立一批分布式能源站示范工程，利用"互联网＋能源"建立能源供给侧和需求侧响应机制。通过跨区域清洁电力消纳，探索京津冀周边地区可再生能源协同发展。在热电联产厂、区域能源站等供热系统中试点和推广短期蓄热和季节性储热等蓄热技术，为电力系统和热力系统提供灵活性，优化电力和热力的生产和供应。

三、交通能源转型

近年来，中国交通能源转型主要发生在两个领域：电动汽车（含混合动力）的发展和醇醚燃料的发展。此外，天然气汽车的发展也具有了一定的规模。中国铁路运输的电气化已经基本完成。

（一）电动汽车快速发展

2017年9月，工业和信息化部表示已启动燃油汽车退出时间表研究。同月，工业和信息化部、财政部、商务部、海关总署、质检总局联合公布了《乘用车企业平均燃料消耗量与新能源汽车积分并行管理办法》，要求2019—2020年，汽车企业新售电动乘用车积分占比分别达到10%和12%。"双积分"政策也是当前全球唯一一个国家层面的新能源汽车配额政策，其政策信号的意味不言而喻。

截至2017年，全球电动汽车累计销量突破340万辆，中国占比超过 50%。2017 年，中国市场的新能源汽车销量高达 77 万辆，同比增长 55%。充电基础设施方面，目前中国已建充电桩突破 45 万个，超过欧洲、美国和日本数量的总和。可以说，中国现已形成完备的电动汽车产业链，在部分动力电池技术路线和充电基础设施方面甚至处于全球领先地位[①]。

据乘用车市场信息联席会统计，2018 年，国内新能源乘用车销量为 99.3 万辆，比上年同期增长 90.4%。此项统计是零售数据，如果按批售量来算，在 2018 年，国内新能源乘用车的销量已经突破了百万。如果算上新能源商用车的销量，国内新能源汽车的体量已经达到了年销 120 万辆的水平，并保持了相当高的增速[②]。

（二）醇醚燃料应用规模、技术水平世界领先

经过近 40 年发展，中国醇醚燃料及醇醚清洁汽车行业形成了"困中求进、创新驱进、协同推进"的发展态势，醇醚产能、产量和产业化规模均位居世界第一，醇醚燃料在车用、工业、生活等领域的推广应用取得初步成效[③]。

一是甲醇产能和产量居世界第一。2019 年中国甲醇产能达到 8812 万吨，同比增长 6.1%；产量 6216 万吨，同比增长 11.5%，为醇醚燃料提供了充足的原料保障。采用先进煤气化技术成为甲醇生产的主流方向，占总产能的一半以上；煤制甲醇比重持续增加，占总产能的 75% 以上。

---

① 刘坚：《推广新能源汽车 助力绿色交通发展》，《中华环境》2018 年 9 期。

② 《2018 年中国新能源汽车市场简析》，搜狐网 2019 年 1 月 17 日，https://www.sohu.com/a/289557445_115944。

③ 本小节参考了胡迁林：《中国甲醇燃料应用规模、技术水平世界领先》，搜狐网 2018 年 9 月 23 日，http://www.sohu.com/a/255626553_825427。

随着煤气化、合成气变换、净化、甲醇合成等生产工艺和重大装备技术的不断创新和提高，煤制甲醇能耗和二氧化碳排放持续降低。

二是甲醇燃料应用技术和规模居世界首位。目前甲醇燃料被广泛应用于车用燃料、工业燃料、供热燃料和生活燃料，据分析总规模超过700万吨/年。甲醇燃料的应用技术不断提高，专用设备和配套基础设施日趋完善。目前船舶应用甲醇替代柴油的应用实践工作也已经启动。

三是甲醇汽车技术世界领先，产业化规模居世界第一。中国自2005年起开始研制甲醇汽车。先后有吉利汽车、宇通汽车、中国重汽、陕汽集团、成功汽车、一汽轿车、华晨汽车、华菱汽车、长安汽车、奇瑞汽车等企业研制或生产了甲醇汽车产品，车型包括甲醇轿车、甲醇多用途乘用车、甲醇客车、甲醇/柴油二元燃料载重车及工程车、甲醇燃料电池汽车等，中国还将积极推进甲醇混合动力汽车、甲醇增程式电动汽车的研制。目前，吉利汽车已建成了晋中和贵阳两个甲醇汽车生产基地，合计产能20万辆。除研制甲醇专用汽车外，全国现有汽车改装燃用甲醇燃料车辆超过16万辆。

四是二甲醚产能和燃料应用规模居世界首位。目前中国二甲醚产能超过1200万吨；二甲醚作为城镇燃气、工业燃料应用规模超过200万吨。此外，中国自主开发的二甲醚客车已投入运营试验。

（三）天然气汽车

从1989年3月中国第一座CNG汽车加气站——四川省荣县加气站开始营业算起，中国推广天然气汽车至今已有30余年。

目前，天然气汽车已遍布全国31个省、市、自治区的300个以上的地级及以上行政区域。截至2018年底，天然气汽车保有量已达670多万辆（其中LNG汽车40多万辆），加气站保有量约9000座（其中

LNG 加气站约 3400 座），连续 4 年蝉联世界第一位。

国家 13 个部委联合发布的《加快推进天然气利用的意见》，明确将车船用气列为天然气利用的四大领域之一（其他为工业、城镇燃气、发电）。保守估算，2018 年中国汽车用天然气消费量为 360 亿立方米，占当年全国天然气消费总量的 12.8%[①]。

---

① 《保有量蝉联世界榜首 中国天然气汽车为啥走红》，上海石油天然气交易中心 2019 年 3 月 20 日，http://www.ngvchina.com/exhibition-overview/industry-news/1509.html。

第三节
加强清洁能源消纳

清洁能源是能源转型发展的重要力量，积极消纳清洁能源是实施能源生产和消费革命战略、建设清洁低碳的现代能源体系的基础。

近年来，中国清洁能源产业不断发展壮大，产业规模和技术装备水平连续跃上新台阶，为缓解能源资源约束和生态环境压力作出了突出贡献。但同时，清洁能源发展不平衡不充分的问题也日益凸显，特别是清洁能源消纳问题突出，已严重制约电力行业健康可持续发展。

根据《清洁能源消纳行动计划（2018—2020年）》，清洁能源消纳的工作目标是到2020年，基本解决清洁能源消纳问题，具体指标如下：2020年，确保全国平均风电利用率达到国际先进水平（力争达到95%左右），弃风率控制在合理水平（力争控制在5%左右）；光伏发电利用率高于95%，弃光率低于5%；全国水能利用率95%以上；全国核电实现安全保障性消纳。

一、优化电源布局，合理控制电源开发节奏

1. 科学调整清洁能源发展规划

优化各类发电装机布局规模，清洁能源开发规模进一步向中东部消纳条件较好地区倾斜，优先鼓励分散式、分布式可再生能源开发。

2. 有序安排清洁能源投产进度

各地区要将落实清洁能源电力市场消纳条件作为安排本区域新增清洁能源项目规模的前提条件，严格执行风电、光伏发电投资监测预警机制，严禁违反规定建设规划外项目。

3. 积极促进煤电有序清洁发展

发挥规划引领约束作用，发布实施年度风险预警，合理控制煤电规划建设时序，严控新增煤电产能规模。有力有序有效关停煤电落后产能，推进煤电超低排放和节能改造，促进煤电灵活性改造，提升煤电灵活调节能力和高效清洁发展水平。

二、加快电力市场化改革，发挥市场调节功能

1. 完善电力中长期交易机制

进一步扩大交易主体覆盖范围，拓展延伸交易周期向日前发展，丰富中长期交易品种，进一步促进发电权交易，促进清洁能源以与火电等电源打捆方式在较大范围内与大用户、自备电厂负荷等主体直接签订中长期交易合约。创新交易模式，鼓励合约以金融差价、发电权交易等方式灵活执行，在确保电网安全稳定运行情况下，清洁能源电力优先消纳、交易合同优先执行。

2. 扩大清洁能源跨省区市场交易

打破省间电力交易壁垒，推进跨省区发电权置换交易，确保省间清洁能源电力送电协议的执行，清洁能源电力可以超计划外送。在当前跨区域省间富余可再生能源电力现货交易试点的基础上，进一步扩大市场交易规模，推动受端省份取消外受电量规模限制，鼓励送受两端市场主体直接开展交易。各地不得干预可再生能源报价和交易。合理扩大核电消纳范围，鼓励核电参与跨省区市场交易。

3. 统筹推进电力现货市场建设

鼓励清洁能源发电参与现货市场，并向区外清洁能源主体同步开放市场。在市场模式设计中充分考虑清洁能源具有的边际成本低、出力波动等特性。持续推动全国电力市场体系建设，促进电力现货市场融合。

4. 全面推进辅助服务补偿（市场）机制建设

进一步推进东北、山西、福建、山东、新疆、宁夏、广东、甘肃等地电力辅助服务市场改革试点工作，推动华北、华东等地电力辅助服务市场建设，非试点地区由补偿机制逐步过渡到市场机制。实现电力辅助服务补偿项目全覆盖，补偿力度科学化，鼓励自动发电控制和调峰服务按效果补偿，按需扩大储能设备、需求侧资源等电力辅助服务提供主体，充分调动火电、储能、用户可中断负荷等各类资源提供服务的积极性。

三、加强宏观政策引导，形成有利于清洁能源消纳的体制机制

1. 研究实施可再生能源电力配额制度

由国务院能源主管部门确定各省级区域用电量中可再生能源电力消费量最低比重指标。省级能源主管部门、省级电网企业、售电公司和电

力用户共同承担可再生能源电力配额工作和义务，全面启动可再生能源电力配额制度。

2.完善非水可再生能源电价政策

进一步降低新能源开发成本，制定逐年补贴退坡计划，加快推进风电、光伏发电平价上网进程，2020年新增陆上风电机组且实现与煤电机组平价上网，新增集中式光伏发电且尽早实现上网侧平价上网。合理衔接和改进清洁能源价格补贴机制，落实《可再生能源发电全额保障性收购管理办法》有关要求，鼓励非水可再生能源积极参与电力市场交易。

3.落实清洁能源优先发电制度

地方政府相关部门在制定中长期市场交易电量规模、火电机组发电计划时，应按照《可再生能源发电全额保障性收购管理办法》《保障核电安全消纳暂行办法》要求足量预留清洁能源优先发电空间，优先消纳政府间协议水电跨省跨区输电电量和保障利用小时内的新能源电量。逐步减少燃煤电厂计划电量，计划电量减小比例应不低于中长期市场的增加比例；考虑清洁能源的出力特性，细化燃煤电厂计划电量的分解至月度，并逐步过渡至周。鼓励核电开展"优价满发"试点，充分发挥资源环境效益，合理平衡经济效益。因清洁能源发电影响的计划调整，经省级政府主管部门核定后，不纳入电力调度"三公"（公平、公正、公开）考核。系统内各类电力主体共同承担清洁能源消纳义务。

4.启动可再生能源法修订工作

随着中国可再生能源产业的快速发展，可再生能源已逐渐成为中国的主要能源品种之一。面对可再生能源规模化发展、对电力系统渗透率不断提高等新形势，应尽快启动可再生能源法修订工作，更好地促进清洁能源健康发展。

四、深挖电源侧调峰潜力，全面提升电力系统调节能力

1. 实施火电灵活性改造

省级政府相关主管部门负责制定年度火电灵活性改造计划，国家能源局派出机构会同相关部门组织省级电网公司对改造机组进行验收。研究出台火电灵活性改造支持性措施，将各地火电灵活性改造规模与新能源规模总量挂钩。

2. 核定火电最小技术出力率和最小开机方式

国家能源局派出机构会同相关部门，组织省级电网公司开展火电机组单机最小技术出力率和最小开机方式的核定；在 2018 年全面完成核定工作的基础上，逐年进行更新和调整；电力调度机构严格按照核定结果调度火电机组。

3. 通过市场和行政手段引导燃煤自备电厂调峰消纳清洁能源

进一步扩大清洁能源替代自备电厂负荷市场交易规模，研究出台自备电厂负荷调峰消纳新能源的相关政策，加强自备电厂与主网电气连接，率先实现新能源富集地区自备电厂参与调峰。督促自备电厂足额缴纳政府性基金和附加，提高清洁能源替代发电的竞争性。到 2020 年，替代电量力争超过 500 亿千瓦时。

4. 提升可再生能源功率预测水平

可再生能源发电企业利用大数据、人工智能等先进技术提高风况、光照、来水的预测精度，增加功率预测偏差奖惩力度，对于偏差超过一定范围的电量进行双向考核结算，国家能源局派出机构或地方能源主管部门做好考核细则制定工作，区域和省级电网公司做好功率预测的汇总和考核工作。

五、完善电网基础设施，充分发挥电网资源配置平台作用

1. 提升电网汇集和外送清洁能源能力

加快推进雅中、乌东德、白鹤滩、金沙江上游等水电外送通道建设；研究推进青海、内蒙古等富集地区高比例可再生能源通道建设。加强可再生能源富集区域和省份内部网架建设，重点解决甘肃、两广、新疆、河北、四川、云南等地区内部输电断面能力不足问题。

2. 提高存量跨省区输电通道可再生能源输送比例

充分发挥送受两端煤电机组的调频和调峰能力，调度机构要充分利用可再生能源的短期和超短期功率预测结果，滚动修正送电曲线。2020 年底前，主要跨省区输电通道中可再生能源电量比例力争达到平均30%以上。

3. 实施城乡配电网建设和智能化升级

持续开展配电网和农网改造建设，推动智能电网建设，提升配电自

中国大唐集团有限公司内蒙古托克托发电厂是世界在役最大的火力发电厂，每年发电量约占北京社会总用电量的30%，每年就地转化燃煤1700多万吨，实现了由输送燃煤向输送电力的清洁能源转化。

动化覆盖率，增强电网分布式清洁能源接纳能力以及对清洁供暖等新型终端用电的保障能力。

4. 研究探索多种能源联合调度

研究试点火电和可再生能源联合优化运行，探索可再生能源电站和火电厂组成联合调度单元，内部由火电为可再生能源电站提供调峰和调频辅助服务；联合调度单元对外视为整体参加电力市场并接受电网调度机构指令。水电为主同时有风电、光伏发电的区域，以及风电、光伏发电同时集中开发的地区，可探索试点按区域组织多种电源协调运行的联合调度单元。鼓励新建核电项目结合本地实际，配套建设抽水蓄能等调峰电源。

5. 加强电力系统运行安全管理与风险管控

调度机构要科学合理安排运行方式，建立适应新能源大规模接入特点的电力平衡机制。加强涉网机组安全管理，增强电网对新能源远距离外送的安全适应性，完善分布式新能源接入的技术标准体系。加快建设完善新能源发电技术监督管理体系，加强新能源企业电力监控系统安全防护等网络信息安全工作，提高新能源发电设备的安全运行水平。针对新能源并网容量增加出现的安全风险，电力企业要落实电力安全生产主体责任，全面加强电网安全风险管控工作。国家能源局派出机构和省级政府能源主管部门要按照职能，切实加强电力系统运行安全管理与风险管控，定期开展监督检查工作。

六、促进源网荷储互动，积极推进电力消费方式变革

1. 推行优先利用清洁能源的绿色消费模式

倡导绿色电力消费理念，推动可再生能源电力配额制向消费者延伸，

鼓励售电公司和电网公司制定清洁能源用电套餐、可再生能源用电套餐等，引导终端用户优先选用清洁能源电力。

2. 推动可再生能源就近高效利用

选择可再生能源资源丰富的地区，建设可再生能源综合消纳示范区。开展以消纳清洁能源为目的的清洁能源电力专线供电试点，加快柔性直流输电等适应波动性可再生能源的电网新技术应用。探索可再生能源富余电力转化为热能、冷能、氢能，实现可再生能源多途径就近高效利用。

3. 优化储能技术发展方式

充分发挥储电、储热、储气、储冷在规模、效率和成本方面的各自优势，实现多类储能的有机结合。统筹推进集中式和分布式储能电站建设，推进储能聚合、储能共享等新兴业态，最大化利用储能资源，充分发挥储能的调峰、调频和备用等多类效益。

4. 推进北方地区冬季清洁取暖

全面落实《北方地区冬季清洁取暖规划（2017—2021 年）》要求，加快提高清洁供暖比重。加强清洁取暖总体设计与清洁能源消纳的统筹衔接，上下联动落实任务分工，明确省级清洁取暖实施方案。2021 年实现北方地区清洁取暖率达到 70%。

5. 推动电力需求侧响应规模化发展

鼓励大工业负荷参加电力辅助服务市场，发挥电解铝、铁合金、多晶硅等电价敏感型高载能负荷的灵活用电潜力，消纳波动性可再生能源。鼓励并引导电动汽车有序充电。加快出台需求响应激励机制，培育需求侧响应聚合服务商等新兴市场主体，释放居民、商业和一般工业负荷的用电弹性，将电力需求侧资源纳入电力市场。

第五章

中国方案（四）：合作共赢，共建能源人类命运共同体

中国的发展离不开世界，世界的繁荣需要中国。随着经济全球化的深入发展，中国在能源发展方面与世界联系日益紧密。中国的能源发展不仅满足了本国经济社会发展的需求，也给世界各国带来了切实的发展机遇和广阔的发展空间。国际合作是世界能源安全中国方案的重要组成部分。只有实现全世界共同的能源安全，才有中国的能源安全。

第一节
方针与政策

中国能源国际合作的基本方针是：统筹国内国际两个大局，充分利用两个市场、两种资源，全方位实施能源对外开放与国际合作战略，抓住"一带一路"建设重大机遇，推动沿线各国能源基础设施互联互通，加大国际产能合作，积极参与全球能源治理。

一、基本方针[①]

（一）贸易合作

在今后相当长一段时间内，国际能源贸易仍将是中国利用国外能源的主要方式。中国将积极扩大国际能源贸易，促进国际能源市场的优势互补，维护国际能源市场的稳定。按照世界贸易组织规则和中国加入世界贸易组织的承诺，开展能源进出口贸易，完善公平贸易政策。逐步改变目前原油现货贸易比重过大的状况，鼓励与国外公司签订长期供货合

---

① 以下资料源于国家发展改革委、国家能源局：《能源发展战略行动计划（2014—2020年）》《能源生产和消费革命战略2016—2030》《能源发展"十三五"规划》。

同，促进贸易渠道多元化。支持有条件的企业对外直接投资和跨国经营，鼓励企业按照国际惯例和市场经济原则，参与国际能源合作，参与境外能源基础设施建设，稳步发展能源工程技术服务合作。

实现海外油气资源来源多元稳定。完善海外重点合作区域布局，丰富能源国际合作内涵，把握好各方利益交集。构建多元化供应格局。有效利用国际资源，加快重构供应版图，形成长期可靠、安全稳定的供应渠道。

（二）拓展能源国际合作

统筹利用国内国际两种资源、两个市场，坚持投资与贸易并举、陆海通道并举，加快制定利用海外能源资源中长期规划，着力拓展进口通道，着力建设丝绸之路经济带、21世纪海上丝绸之路、孟中印缅经济走廊和中巴经济走廊，积极支持能源技术、装备和工程队伍"走出去"。

加强俄罗斯中亚、中东、非洲、美洲和亚太五大重点能源合作区域建设，深化国际能源双边多边合作，建立区域性能源交易市场。积极参与全球能源治理。加强统筹协调，支持企业"走出去"。

打造命运共同体。把握和扩大能源国际合作各方的利益交集，充分照顾合作东道国现实利益，把中国能源合作战略利益与资源国经济发展和改善民生需求充分结合起来。能源"走出去"企业要切实履行当地社会责任，促进互利共赢。

创新合作方式。坚持经济与外交并重、投资和贸易并举，充分利用高层互访、双多边谈判、对外经济援助等机会，创新完善能源国际合作方式。发挥资本和资金优势，推动资源开发与基础设施建设相结合。

中国已经与有关国家建立了56个双边能源合作机制，参与了29个多边能源合作机制，签署了100多份合作协议。未来将在能源领域进一步放开市场准入条件，加快推进区域能源市场一体化建设。

（三）畅通"一带一路"能源大通道

巩固油气既有战略进口通道，加快新建能源通道，有效提高中国和沿线国家能源供应能力，全面提升能源供应互补互济水平。

确保能源通道畅通。巩固已有主要油气战略进口通道。推动建立陆海通道安全合作机制，做好通道关键节点的风险管控，提高设施防护能力、战略预警能力以及突发事件应急反应能力，建设安全畅通的能源输送大通道。

完善能源通道布局。加强陆海内外联动、东西双向开放，加快推进"一带一路"国家和地区能源互联互通，加快能源通道建设，提高陆上通道运输能力。推动周边国家电力基础网络互联互通。

推进能源基础设施互联互通。加快推进能源合作项目建设，促进"一带一路"沿线国家和地区能源基础设施互联互通。研究推进跨境输电通道建设，积极开展电网升级改造合作。

推进共商共建共享。与相关国家和地区共同推进能源基础设施规划布局、标准规范、经营管理的对接，加强法律事务合作，保障能源输送高效畅通。以企业为主体，以基础设施为龙头，共建境外能源经贸产业园区。

（四）深化国际产能和装备制造合作

引技引智并举，拓宽合作领域，加大国际能源技术合作力度，推动能源产业对外深度融合，提升中国能源国际竞争力。

引进先进适用技术。通过相互投资、市场开放等手段，引进消化吸收和再创新清洁煤、乏燃料处理、智能电网等关键、适用能源技术，鼓励掌握先进技术的国外企业参与国内非常规油气勘查开发、清洁低碳能源开发利用等。

提升科技全球协同创新能力。积极参与前瞻性能源技术国际研发应用合作平台和机制建设，密切跟踪掌握关键重点领域前沿动态。加强政府间、企业间、研究机构间合作与交流，创新能源领域人才合作培养机制。积极参与制定先进能源技术标准，推动国内技术标准国际化。

融入全球能源产业链。发挥比较优势，培育一批跨国企业，增强国际竞争力，推动能源生产和高效节能装备、技术、服务"走出去"。联合技术先进国家共同开拓第三方国际市场，深度融入全球能源产业链、价值链、物流链。

加大国际技术装备和产能合作。加强能源技术、装备与工程服务国

中国海洋石油集团有限公司尼克森公司 2014 年在英国北海投产的金鹰油田，是近年来在英国大陆架投产的最大项目之一。

际合作，深化合作水平，促进重点技术消化、吸收再创新。鼓励以多种方式参与境外重大电力项目，因地制宜参与有关新能源项目投资和建设，有序开展境外电网项目投资、建设和运营。

（五）积极参与全球治理

推动全球能源治理机制变革，共同应对全球性挑战，打造命运共同体。巩固和完善中国双边多边能源合作机制，积极参与国际机构改革进程。

积极参与全球能源治理。务实参与二十国集团、亚太经合组织、国际能源署、国际可再生能源署、能源宪章等国际平台和机构的重大能源事务及规则制订。加强与东南亚国家联盟、阿拉伯国家联盟、上海合作组织等区域机构的合作，通过基础设施互联互通、市场融合和贸易便利化措施，协同保障区域能源安全。探讨构建全球能源互联网。

积极承担国际责任和义务。坚持共同但有区别的责任原则、公平原则、各自能力原则，积极参与应对气候变化国际谈判，推动形成公平合理、合作共赢的全球气候治理体系。广泛开展务实交流合作，推动发达国家切实履行大幅度率先减排等《联合国气候变化框架公约》义务。支持发展中国家开发清洁能源和保护生态环境，树立负责任大国形象。

二、对外开放 [①]

对外开放与经济改革共同构成了中国 1978 年之后经济发展的基本政策，并将继续作为中国的基本国策坚持下去。40 多年来，对外开放对

---

① 国务院新闻办公室：《中国的能源状况与政策》，2007 年 12 月。

中国能源工业发展和能源安全保障发挥了重要作用。

中国积极完善对外开放的法律政策，先后颁布了《中外合资经营企业法》《中外合作经营企业法》《外资企业法》，努力营造公平、开放的外商投资环境。发布并多次修订《外商投资产业指导目录》和《中西部地区外商投资优势产业目录》，鼓励外商投资能源及相关的采掘、生产、供应及运输领域，鼓励投资设备制造产业，鼓励外商投资中西部地区能源产业。

——完善油气资源勘探开发的对外合作。中国在石油天然气资源领域实行以产品分成合同为基础的对外合作模式。2001 年，中国公布了修订后的《对外合作开采海洋石油资源条例》和《对外合作开采陆上石油资源条例》，依法保护参与合作开采的外商合法权益。鼓励外商参与石油和天然气的风险勘探、低渗透油气藏（田）开采、提高老油田采收率等石油勘探开发领域的合作。鼓励外商投资输油（气）管道、油（气）库及专用码头的建设与经营。

——鼓励外商投资勘探开发非常规能源资源。2000 年，中国发布了《关于进一步鼓励外商投资勘查开采非油气矿产资源的若干意见》，进一步开放非油气资源的探矿权、采矿权市场。允许外商在中国境内以独资或与中方合作的方式进行风险勘探。外商投资开采回收共、伴生矿、利用尾矿以及西部地区开采矿产资源的，可以享受减免矿产资源补偿费的优惠政策。进一步改善对外商投资勘查开采非油气资源的管理和服务。

——鼓励外商投资和经营电站等能源设施。中国鼓励外商投资电力、煤气的生产和供应。鼓励投资单机容量 60 万千瓦及以上火电、煤炭洁净燃烧发电、热电联产、发电为主的水电、中方控股的核电，以及可再生能源和新能源发电等电站的建设与经营。鼓励外商投资规模容量以上的火电、水电、核电及火电脱硫技术与设备制造。鼓励投资煤炭管道运输设施的建设与经营。

——进一步优化外商投资环境。中国政府信守加入世界贸易组织的有关承诺，在能源管理方面，清理了与世界贸易组织规则不一致的行政法规和部门规章。按照世界贸易组织的透明度要求，放宽了公益性地质资料的范围，并将进一步加强能源政策的对外发布，完善能源数据统计系统，及时公布能源统计数据，确保能源政策、统计数据以及资料信息的公开与透明。

——进一步拓宽利用外资领域。中国吸引外商投资开发利用能源资源，注重引进国外先进技术、管理经验和高素质人才，进一步实现从投资化石能源资源向可再生能源的转变，从注重勘查开发领域向更多地发展服务贸易转变，从主要依靠对外借贷和外国直接投资向直接利用国际资本市场方式转变。

三、推动国际能源市场建设[①]

美国能源自给能力不断增强，欧洲能源消费水平停滞不前，而以中国为代表的亚太地区的能源消费正在进一步上升。据统计，非OECD国家的石油消费比例已从38%上升到50%以上，超过了OECD国家，亚太地区石油消费的比例从23%上升为34%，超过了欧洲和北美。这将从根本上扭转全球能源供给关系和市场贸易关系，形成能源消费市场全球重心东移的新格局。但目前亚太地区原油贸易缺乏一个能高效、准确反映本地区供需关系，既有利于提高出口国积极性又有利于维护进口国利

[①] 本节参考了上海期货交易所副总经理、上海国际能源交易中心总经理褚玦海在"上衍原油论坛"上的致辞，http://www.shfe.com.cn/528/528yj/chujh-yuanyou.html。

益的价格基准。

全球原油价格体系中，除北美、欧洲外，还需要第三个 8 小时时区，即亚太地区的市场价格中心，从而与欧美交易市场形成一个连续 24 小时交易的风险对冲机制，保障亚太地区经济平稳健康发展，方便全球投资者有效和及时完成价格风险管理。

2013 年 11 月 22 日，上海国际能源交易中心挂牌成立。这是中国参与国际能源市场建设的一个重要步骤。上海国际能源交易中心不仅会推出原油期货市场，未来也会形成重要的现货市场，成为全球石油储运贸易中心。

2018 年 3 月 26 日，中国原油期货在上海期货交易所正式上市交易，这是中国第一个允许境外投资者直接参与的期货品种。原油期货上市标志着中国金融领域对外开放又迈出新步伐，境外交易者可以外汇冲抵保证金，首次实现了境内外投资者无特别限制的同台交易。

（一）建立原油价格形成机制，促进商业石油储存能力，完善石油市场体系

据统计，全球一次能源消费结构中，石油和天然气的比例是 33.1% 和 23.9%，美国这一比例为 37.1% 和 29.6%，而中国只有 17.7% 和 4.7%。随着中国经济的不断发展，中国对能源的需求还会进一步增大。中国目前是世界第五大石油生产国、第二大石油消费国和进口国，石油对外依存度已接近 70%。由于缺乏能准确反映中国市场供需变化、季节性习惯、消费结构的原油价格体系，进口原油价格不得不被动、单向依赖国际市场，国际油价的波动对中国宏观经济和石油相关产业影响巨大，也使得商业石油储存体系严重不足，机构投资意愿不足。因此，应加快建立原油期货价格基准，推动形成公正公平的国际原油贸易秩序，进一步保障

经济安全和发展。

　　随着中国加快推进各行业市场化和国际化进程，期货市场将成为重要的"助推器"和"主阵地"。期货市场公开、透明、连续的交易机制，能有效地推动相关行业的市场化进程，也可以为石油流通体制改革提供一个辅助工具。建立全球化的多层次市场体系，让全球行业能聚集参与，形成高效、安全的金融体系，将有助于中国与亚太能源市场的良性发展，为亚洲和世界的发展作出贡献。

（二）建设原油期货市场，进行制度创新，助推金融市场国际化

　　作为中国大陆首个国际性期货品种，原油期货的推出上市将为中国金融市场全面走向国际化探路，推动金融市场对外开放进程。作为中国期货市场对外开放的起点和试点，以建设原油期货市场为契机，进行制

2018年3月26日，中国首个国际化期货品种——原油期货正式在上海国际能源交易中心挂牌交易。

度创新以及在跨境监管方面积累的经验，可以应用于其他现有期货品种，逐步推动期货市场的全面开放。同时，原油期货市场全面引入境内外投资者参与，将与国际市场建立更加密切的联系，进一步推动上海国际金融中心建设和亚太金融市场、能源市场的发展。

（三）依托自贸试验区国际化环境，构建全球性期货交易平台

上海国际能源交易中心的成立，是中国原油期货市场建设的重要进程，也是资本市场落实国家建设上海自贸试验区战略的重大举措。自贸试验区的国际化环境和制度创新高地，为原油期货上市提供了有效的政策保障和支撑，为境外投资者参与国内资本市场创造了前所未有的基础市场环境和有利条件；同时，打造国际化期货交易平台，无疑将助推自贸试验区实现人民币国际化、金融市场开放等改革重点的突破，为全面深化金融业改革开放探索新途径、积累新经验。

上海国际能源交易中心秉承"国际化、市场化、法治化、专业化"的原则，着力构建全球性的交易网络，为境内外市场主体建设一个公正、公平、高效、安全、便捷的交易平台，欢迎全世界石油公司、金融机构等投资者积极广泛参与。上海国际能源交易中心以国际化视角、法治化思维、专业化运营，在"国际平台、净价交易、保税交割"基本思路的指引下，制订既符合中国国情，又适应国际惯例的交易规则和业务流程，积极引导境内外投资者有序参与。

同时，上海国际能源交易中心高度重视风险防范与管理，着力健全完善法律法规体系，建立"风险树"，及时排查和化解各类风险隐患点，做到风险可测、可控、可管理；做到运行平稳、监管有力、安全有序，为各类市场主体参与原油期货交易"保驾护航"。

四、多边合作与全球能源治理合作

中国是国际能源合作的积极参与者。在多边合作方面，中国是亚太经济合作组织能源工作组、东盟与中日韩（10+3）能源合作论坛、国际能源论坛、世界能源大会及亚太清洁发展和气候新伙伴计划的正式成员，是能源宪章的观察员，与国际能源机构、石油输出国组织等国际组织保持着密切联系。在双边合作方面，中国与美国、日本、欧盟、俄罗斯等许多能源消费国和生产国都建立了能源对话与合作机制，在能源开发、利用、技术、环保、可再生能源和新能源等领域加强对话与合作，在能源政策、信息数据等方面开展广泛的沟通与交流。在国际能源合作中，中国既承担着广泛的国际义务，也发挥着积极的建设性作用。

能源安全是全球性问题，每个国家都有合理利用能源资源促进自身发展的权利，绝大多数国家都不可能离开国际合作而获得能源安全保障。要实现世界经济平稳有序发展，需要国际社会推进经济全球化向着均衡、普惠、共赢的方向发展，需要国际社会树立互利合作、多元发展、协同保障的新能源安全观。近年来，国际市场石油价格大幅波动，影响了全球经济发展，其原因是多重的、复杂的，需要国际社会通过加强对话和合作，从多方面共同加以解决。为维护世界能源安全，中国主张国际社会应着重在以下三个方面进行努力：

——加强开发利用的互利合作。实现世界能源安全，必须加强能源出口国与消费国、能源消费国之间的对话与合作。国际社会应该加强能源政策磋商和协调，完善国际能源市场监测和应急机制，促进石油天然气资源开发以增加供应，实现能源供应全球化和多元化，保证稳定和可持续的国际能源供应，维护合理的国际能源价格，确保各国的能源需求得到满足。

——形成先进技术的研发推广体系。节约能源，促进能源多元发展，是实现全球能源安全的长远大计。国际社会应大力加强节能技术研发和推广，推动能源综合利用，支持和促进各国提高能效。积极倡导在洁净煤技术等高效利用化石燃料技术方面的合作，推动国际社会在加强可再生能源和氢能、核能等重大能源技术方面的合作，探讨建立清洁、经济、安全和可靠的世界未来能源供应体系。国际社会要从人类社会可持续发展的高度，处理好资金投入、知识产权保护、先进技术推广等问题，使世界各国都从中受益，共同分享人类进步成果。

——维护安全稳定的良好政治环境。维护世界和平和地区稳定，是实现全球能源安全的前提条件。国际社会应携手努力，共同维护能源生产国和输送国，特别是中东等产油国地区的局势稳定，确保国际能源通道安全和畅通，避免地缘政治纷争干扰全球能源供应。各国应通过对话与协商解决分歧、化解矛盾，不应把能源问题政治化，避免动辄诉诸武力，甚至引发对抗。[①]

五、共同应对气候变化

中国在全球气候治理中发挥了积极建设性作用。从《联合国气候变化框架公约》的谈判到《巴黎协定》的达成和实施，中国一直是全球气候治理的积极参与者。随着中国的经济发展水平变化和在全球排放中的地位变化，中国在气候变化谈判中的重要性也不断提高。在《巴黎协定》的达成过程中，中国通过主动与关键各方协调立场、积极参与谈判、建设性提出解决方案，身体力行地为履行2020年前承诺作出表率，有力

---

① 国务院新闻办公室：《中国的能源状况与政策》，2007年12月。

促成了《巴黎协定》的达成，得到了国际社会的一致赞誉。

（一）中国应对气候变化的方案

气候变化是人类面临的共同挑战。中国政府一贯高度重视应对气候变化，以积极建设性的态度推动构建公平合理、合作共赢的全球气候治理体系，并采取了切实有力的政策措施强化应对气候变化国内行动，展现了推进可持续发展和绿色低碳转型的坚定决心[①]。

2007 年 6 月 21 日，作为履行《联合国气候变化框架公约》的一项重要义务，中国政府特制定《中国应对气候变化国家方案》，明确了到 2010 年中国应对气候变化的具体目标、基本原则、重点领域及其政策措施。中国认真落实国家方案中提出的各项任务，努力建设资源节约型、环境友好型社会，提高减缓与适应气候变化的能力，为保护全球气候作出贡献。

2007 年《中国应对气候变化国家方案》提出，中国应对气候变化将坚持以下原则：

——在可持续发展框架下应对气候变化的原则。这既是国际社会达成的重要共识，也是各缔约方应对气候变化的基本选择。中国政府早在 1994 年就制定和发布了可持续发展战略——《中国 21 世纪议程——中国 21 世纪人口、环境与发展白皮书》，并于 1996 年首次将可持续发展作为经济社会发展的重要指导方针和战略目标，2003 年中国政府又制定了《中国 21 世纪初可持续发展行动纲要》。中国将继续根据国家可持续发展战略，积极应对气候变化问题。

——遵循《联合国气候变化框架公约》规定的"共同但有区别的责任"

---

① 国务院新闻办公室：《中国应对气候变化的政策与行动 2018 年度报告》。

原则。根据这一原则，发达国家应带头减少温室气体排放，并向发展中国家提供资金和技术支持；发展经济、消除贫困是发展中国家压倒一切的首要任务，发展中国家履行公约义务的程度取决于发达国家在这些基本的承诺方面能否得到切实有效的执行。

——减缓与适应并重的原则。减缓和适应气候变化是应对气候变化挑战的两个有机组成部分。对于广大发展中国家来说，减缓全球气候变化是一项长期、艰巨的挑战，而适应气候变化则是一项现实、紧迫的任务。中国将继续强化能源节约和结构优化的政策导向，努力控制温室气体排放，并结合生态保护重点工程以及防灾、减灾等重大基础工程建设，切实提高适应气候变化的能力。

——将应对气候变化的政策与其他相关政策有机结合的原则。积极适应气候变化、努力减缓温室气体排放涉及经济社会的许多领域，只有将应对气候变化的政策与其他相关政策有机结合起来，才能使这些政策更加有效。中国将继续把节约能源、优化能源结构、加强生态保护和建设、促进农业综合生产能力的提高等政策措施作为应对气候变化政策的重要组成部分，并将减缓和适应气候变化的政策措施纳入国民经济和社会发展规划中统筹考虑、协调推进。

——依靠科技进步和科技创新的原则。科技进步和科技创新是减缓温室气体排放，提高气候变化适应能力的有效途径。中国将充分发挥科技进步在减缓和适应气候变化中的先导性和基础性作用，大力发展新能源、可再生能源技术和节能新技术，促进碳吸收技术和各种适应性技术的发展，加快科技创新和技术引进步伐，为应对气候变化、增强可持续发展能力提供强有力的科技支撑。

——积极参与、广泛合作的原则。全球气候变化是国际社会共同面临的重大挑战，尽管各国对气候变化的认识和应对手段尚有不同看法，但通过合作和对话、共同应对气候变化带来的挑战是基本共识。中国将积极参与《联合国气候变化框架公约》谈判和政府间气候变化专门委员会的相关活动，进一步加强气候变化领域的国际合作，积极推进在清洁发展机制、技术转让等方面的合作，与国际社会一道共同应对气候变化带来的挑战。

（二）中国应对气候变化行动的进展

中国应对气候变化的信念坚定不移。中国正全面贯彻落实创新、协调、绿色、开放、共享发展理念，加快推进绿色低碳发展，推进生态文明建设。中国可再生能源投资位居世界第一，并于 2017 年正式启动了全国碳排放交易体系[①]。

2018 年 11 月，中国生态环境部发布《中国应对气候变化的政策与行动 2018 年度报告》，指出：2017 年以来，中国继续推进应对气候变化工作，采取了一系列举措，取得积极进展，已经成为全球生态文明建设的重要参与者、贡献者、引领者。2017 年中国单位国内生产总值（GDP）二氧化碳排放（简称碳强度）比 2005 年下降约 46%，已超过 2020 年碳强度下降 40%~45% 的目标，碳排放快速增长的局面得到初步扭转。非化石能源占一次能源消费比重达到 13.8%，造林护林任务持续推进，适应气候变化能力不断增强。应对气候变化体制机制不断完善，应对气候变化机构和队伍建设持续加强，全社会应对气候变化意识不断提高。

中国采取的减缓气候变化的主要政策有：调整产业结构、优化能源结构、节能提高能效、控制非能源活动温室气体排放和增加碳汇。适

---

① 林远：《中国代表：国际社会需携手共同应对气候变化》，新华网 2019 年 3 月 30 日，http://www.xinhuanet.com/world/2019-03/30/c_1124303508.htm

应气候变化的主要政策是提高重点领域适应能力和加强适应基础能力建设。同时，中国积极参加国际谈判，积极参加联合国框架下的多边进程，广泛参与其他多边进程；在应对气候变化上，中国加强国际交流与合作，推动与国际组织合作，加强与发达国家的交流合作，深化应对气候变化南南合作。

（三）积极参加国际谈判

2017 年以来，中国政府继续以高度负责任的态度，在气候变化国际谈判中发挥积极、建设性作用，加强与各国在气候变化领域的多层次磋商与对话，促进各方凝聚共识，为推动全球气候治理进程、深化应对气候变化国际合作发挥了重要作用。

1. 积极参加联合国框架下的多边进程

深度参与全球气候治理，落实《巴黎协定》成果。中国政府始终积极参与《巴黎协定》后续相关谈判，推动建立公平合理、合作共赢的全球气候治理体系，在波恩气候大会和其他气候变化对话磋商中发挥了积极建设性的作用。2017 年 1 月，中国国家主席习近平在世界经济论坛 2017 年年会开幕式上发表主旨演讲指出，《巴黎协定》符合全球发展大方向，成果来之不易，应当共同坚守，不能轻言放弃，这是我们对子孙后代必须担负的责任。随后，习近平主席在联合国日内瓦总部发表《共同构建人类命运共同体》的演讲，表示《巴黎协定》的达成是全球气候治理史上的里程碑，各方要共同推动协定实施，不能让这一成果付诸东流。

建设性参与《联合国气候变化框架公约》主渠道谈判。在气候变化多边进程面临不确定性的背景下，中国积极采取推进生态文明建设的行动，表明继续推动全球气候治理的积极意愿。在谈判中，中方积极推动会议重要议题达成共识，坚定维护公约的原则和框架，坚持公平原则、"共同但有区别的责任"原则和各自能力原则，与各方携手推进《巴黎协定》实施细则各项议题的后续谈判，不断加强《联合国气候变化框架公约》和《巴黎协定》的全面、有效和持续实施。

2. 广泛参与其他多边进程

中国积极参与彼得斯堡气候对话、二十国集团会议、蒙特利尔议定书、国际民航组织、国际海事组织等公约外渠道下的气候变化问题谈判磋商，并继续关注联合国大会、亚太经合组织会议、金砖国家会议等场合下气候变化相关活动与讨论。2017年9月，中国与欧盟、加拿大共同发起并举办了首次气候行动部长级会议，2018年6月，中国与欧盟、加拿大在比利时布鲁塞尔共同举办了第二次气候行动部长级会议，在全球应对气候变化进程不确定性增强的背景下进一步凝聚各方共识，为气候变化多边进程注入新的政治推动力。2018年9月，中国作为发起国共同设立全球适应委员会，推动适应气候变化国际合作和全球适应行动取得积极进展。

加强与各国的对话交流。中国主办"基础四国"第二十四次气候变化部长级会议，出席第二十五、二十六次会议并发表联合声明，携手发展中大国共同发声，推动多边进程。继续参与"立场相近发展中国家"等磋商机制，积极与小岛国、最不发达国家和非洲集团开展对话，维护发展中国家权益。继续深化与发达国家对话沟通，加强中欧应对气候变化合作，推进与德国、新西兰、澳大利亚、加拿大等国的政策对话和互动，与各方增进理解，扩大共识，共同为加强国际应对气候变化对话合作作出贡献。

（四）加强国际交流与合作

中国政府本着"互利共赢、务实有效"的原则，与有关各方积极开展气候变化和绿色低碳发展领域务实合作，积极推动气候变化南南合作，为促进全球合作应对气候变化发挥了积极建设性作用。

1. 推动与国际组织合作

广泛开展与国际组织的务实合作，积极参与相关国际会议与行动倡议。进一步加强与世界银行、亚洲开发银行、联合国开发计划署等多边机构的合作。积极参加《联合国气候变化框架公约》下绿色气候基金、适应基金、技术执行委员会等机构会议。

2. 加强与发达国家的交流合作

进一步加强与有关国家在气候变化和绿色低碳发展领域的对话交流与务实合作。中国与新西兰、德国、法国、加拿大等多个国家举行了气候变化双边合作机制会议，就各自气候政策和行动、巩固加强应对气候变化双边合作交换意见；与美国、法国、德国、英国、加拿大、日本等国在碳市场、低碳城市、适应气候变化等领域开展了卓有成效的合作。2017 年 12 月，中国与加拿大共同发表《中国—加拿大气候变化和清洁增长联合声明》。2018 年 7 月，中欧领导人会晤期间发表《中欧领导人气候变化和清洁能源联合声明》。2018 年 7 月，中国科技部与德国联邦教研部签署了《关于深化气候变化研究合作的联合意向声明》。2018 年 9 月，中国代表团出席了由美国加州政府主办的全球气候行动峰会，同美国地方政府、企业、社会组织等就应对气候变化行动进行了广泛交流。

3. 深化应对气候变化南南合作

积极推动应对气候变化南南合作，通过开展减缓和适应气候变化项目、赠送节能低碳物资和监测预警设备、组织应对气候变化南南合作培训班等多种方式帮助其他发展中国家提高应对气候变化能力。截至 2018 年 4 月，中国国家发展改革委已与 30 个发展中国家签署合作谅解备忘录，向对方赠送遥感微小卫星、节能灯具、户用太阳能发电系统等应对气候变化物资设备。举办多期应对气候变化南南合作培训班，为发展中国家提供数百个应对气候变化培训名额。中国商务部通过实施技术援助、提供物资和现汇等方式累计援助 80 多个发展中国家，涉及清洁能源、低碳示范、农业抗旱技术、水资源利用和管理、粮食种植、智能电网、绿色港口、水土保持、紧急救灾等领域。

第二节
"一带一路"倡议：愿景与行动

2013年下半年，中国国家主席习近平在出访中亚和东南亚国家期间，提出共建"一带一路"的重大倡议，受到国际社会的高度关注。能源合作是"一带一路"倡议的重要组成部分。"一带一路"倡议的实施为中国与世界的能源合作开拓了更广阔的道路，也为共建世界能源安全提供了新的多边合作机制。

一、"一带一路"倡议：愿景与行动

2015年3月28日，中国国家发展改革委、外交部、商务部联合发布了《推动共建丝绸之路经济带和21世纪海上丝绸之路的愿景与行动》，正式向世界阐述"一带一路"倡议的背景、合作原则、框架思路、合作重点、合作机制等重要内容。这实际上是中国推动"一带一路"倡议的纲领性文件。

（一）时代背景
当今世界正发生复杂深刻的变化，国际金融危机深层次影响继续显现，世界经济缓慢复苏、发展分化，国际投资贸易格局和多边投资贸易规则酝酿着深刻调整，各国面临的发展问题依然严峻。共建"一带一路"顺应世界多极化、经济全球化、文化多样化、社会信息化的潮流，秉持开放的区域合作精神，致力于维护全球自由贸易体系和开放型世界经济。共建"一带一路"旨在促进经济要素有序自由流动、资源高效配置和市场深度融合，推动沿线各国实现经济政策协调，开展更大范围、更高水平、更深层次的区域合作，共同打造开放、包容、均衡、普惠的区域经济合作架构。共建"一带一路"符合国际社会的根本利益，彰显人类社会共同理想和美好追求，是国际合作以及全球治理新模式的积极探索，将为世界和平发展增添新的正能量。

共建"一带一路"致力于亚欧非大陆及附近海洋的互联互通，建立和加强沿线各国互联互通伙伴关系，构建全方位、多层次、复合型的互联互通网络，实现沿线各国多元、自主、平衡、可持续的发展。"一带一路"的互联互通项目将推动沿线各国发展战略的对接与耦合，发掘区域内市场的潜力，促进投资和消费，创造需求和就业，增进沿线各国人民的人文交流与文明互鉴，让各国人民相逢相知、互信互敬，共享和谐、安宁、富裕的生活。

当前，中国经济和世界经济高度关联。中国将一以贯之地坚持对外开放的基本国策，构建全方位开放新格局，深度融入世界经济体系。推进"一带一路"建设既是中国扩大和深化对外开放的需要，也是加强与亚欧非及世界各国互利合作的需要，中国愿意在力所能及的范围内承担更多责任义务，为人类和平发展作出更大的贡献。

（二）共建原则

恪守联合国宪章的宗旨和原则。遵守和平共处五项原则，即尊重各国主权和领土完整、互不侵犯、互不干涉内政、和平共处、平等互利。

坚持开放合作。"一带一路"相关的国家基于但不限于古代丝绸之路的范围，世界各国和国际、地区组织均可参与，让共建成果惠及更广泛的区域。

坚持和谐包容。倡导文明宽容，尊重各国发展道路和模式的选择，加强不同文明之间的对话，求同存异、兼容并蓄、和平共处、共生共荣。

坚持市场运作。遵循市场规律和国际通行规则，充分发挥市场在资源配置中的决定性作用和各类企业的主体作用，同时发挥好政府的作用。

坚持互利共赢。兼顾各方利益和关切，寻求利益契合点和合作最大公约数，体现各方智慧和创意，各施所长，各尽所能，把各方优势和潜力充分发挥出来。

（三）框架思路

"一带一路"是促进共同发展、实现共同繁荣的合作共赢之路，是增进理解信任、加强全方位交流的和平友谊之路。中国政府倡议，秉持和平合作、开放包容、互学互鉴、互利共赢的理念，全方位推进务实合作，打造政治互信、经济融合、文化包容的利益共同体、命运共同体和责任共同体。

"一带一路"贯穿亚欧非大陆，一头是活跃的东亚经济圈，一头是发达的欧洲经济圈，中间广大腹地国家经济发展潜力巨大。丝绸之路经济带重点畅通以下通道：中国经中亚、俄罗斯至欧洲（波罗的海）；中国经中亚、西亚至波斯湾、地中海；中国至东南亚、南亚、印度洋。21世纪海上丝绸之路重点方向是：从中国沿海港口过南海到印度洋，延伸至欧洲；从中国沿海港口过南海到南太平洋。

根据"一带一路"走向，陆上依托国际大通道，以沿线中心城市为

2019年4月27日，第二届"一带一路"国际合作高峰论坛在北京雁栖湖国际会议中心举行圆桌峰会，中国国家主席习近平主持会议并致开幕辞。

支撑，以重点经贸产业园区为合作平台，共同打造新亚欧大陆桥和中蒙俄、中国—中亚—西亚、中国—中南半岛等国际经济合作走廊；海上以重点港口为节点，共同建设通畅安全高效的运输大通道。

"一带一路"建设是沿线各国开放合作的宏大经济愿景，需各国携手努力，朝着互利互惠、共同安全的目标相向而行。努力实现区域基础设施更加完善，安全高效的陆海空通道网络基本形成，互联互通达到新水平；投资贸易便利化水平进一步提升，高标准自由贸易区网络基本形成，经济联系更加紧密，政治互信更加深入；人文交流更加广泛深入，不同文明互鉴共荣，各国人民相知相交、和平友好。

（四）合作重点

"一带一路"沿线各国资源禀赋各异，经济互补性较强，彼此合作潜力和空间很大。以政策沟通、设施联通、贸易畅通、资金融通、民心相通为主要内容，重点在以下方面加强合作。

加强政策沟通是"一带一路"建设的重要保障。加强政府间合作，积极构建多层次政府间宏观政策沟通交流机制，深化利益融合，促进政治互信，达成合作新共识。沿线各国可以就经济发展战略和对策进行充分交流对接，共同制定推进区域合作的规划和措施，协商解决合作中的问题，共同为务实合作及大型项目实施提供政策支持。

基础设施互联互通是"一带一路"建设的优先领域。在尊重相关国家主权和安全关切的基础上，沿线国家应加强基础设施建设规划、技术标准体系的对接，共同推进国际骨干通道建设，逐步形成连接亚洲各次区域以及亚欧非之间的基础设施网络。强化基础设施绿色低碳化建设和运营管理，在建设中充分考虑气候变化影响。

投资贸易合作是"一带一路"建设的重点内容。应着力研究解决投资贸易便利化问题，消除投资和贸易壁垒，构建区域内和各国良好的营商环境，积极同沿线国家和地区共同商建自由贸易区，激发释放合作潜力，做大做好合作"蛋糕"。

资金融通是"一带一路"建设的重要支撑。深化金融合作，推进亚洲货币稳定体系、投融资体系和信用体系建设。扩大沿线国家双边本币互换、结算的范围和规模。推动亚洲债券市场的开放和发展。共同推进亚洲基础设施投资银行、金砖国家新开发银行筹建，有关各方就建立上海合作组织融资机构开展磋商。加快丝路基金组建运营。深化中国—东盟银行联合体、上合组织银行联合体务实合作，以银团贷款、银行授信等方式开展多边金融合作。支持沿线国家政府和信用等级较高的企业以及金融机构在中国境内发行人民币债券。符合条件的中国境内金融机构和企业可以在境外发行人民币债券和外币债券，鼓励在沿线国家使用所筹资金。

民心相通是"一带一路"建设的社会根基。传承和弘扬丝绸之路友好合作精神，广泛开展文化交流、学术往来、人才交流合作、媒体合作、青年和妇女交往、志愿者服务等，为深化双多边合作奠定坚实的民意基础。

（五）合作机制

当前，世界经济融合加速发展，区域合作方兴未艾。应积极利用现有双多边合作机制，推动"一带一路"建设，促进区域合作蓬勃发展。

加强双边合作，开展多层次、多渠道沟通磋商，推动双边关系全面发展。推动签署合作备忘录或合作规划，建设一批双边合作示范。建立完善双边联合工作机制，研究推进"一带一路"建设的实施方案、行动路线图。充分发挥现有联委会、混委会、协委会、指导委员会、管理委员会等双边机制作用，协调推动合作项目实施。

强化多边合作机制作用，发挥上海合作组织（SCO）、中国—东盟"10+1"、亚太经合组织（APEC）、亚欧会议（ASEM）、亚洲合作对话（ACD）、亚信会议（CICA）、中阿合作论坛、中国—海合会战略对话、大湄公河次区域（GMS）经济合作、中亚区域经济合作（CAREC）等现有多边合作机制作用，相关国家加强沟通，让更多国家和地区参与"一带一路"建设。

继续发挥沿线各国区域、次区域相关国际论坛、展会等平台的建设性作用。支持沿线国家地方、民间挖掘"一带一路"历史文化遗产，联合举办专项投资、贸易、文化交流活动。

二、推动"一带一路"能源合作愿景与行动

当前，中国能源与世界能源发展高度关联。中国将持续不断地推进

能源国际合作，深度融入世界能源体系。加强"一带一路"能源合作既是中国能源发展的需要，也是促进各国能源协同发展的需要。中国愿意在力所能及的范围内承担更多的责任和义务，为全球能源发展作出更大的贡献。

为推进"一带一路"建设，让古丝绸之路在能源合作领域焕发新的活力，促进各国能源务实合作迈上新的台阶，中国国家发展和改革委员会同国家能源局共同制定并发布了《推动丝绸之路经济带和21世纪海上丝绸之路能源合作愿景与行动》。

（一）合作重点

中国倡议，在以下七个领域加强合作：

1. 加强政策沟通

中国愿与各国就能源发展政策和规划进行充分交流和协调，联合制定合作规划和实施方案，协商解决合作中的问题，共同为推进务实合作提供政策支持。

2. 加强贸易畅通

积极推动传统能源资源贸易便利化，降低交易成本，实现能源资源更大范围内的优化配置，增强能源供应抗风险能力，形成开放、稳定的全球能源市场。

3. 加强能源投资合作

鼓励企业以直接投资、收购并购、政府与社会资本合作模式（PPP）等多种方式，深化能源投资合作。加强金融机构在能源合作项目全周期的深度参与，形成良好的能源"产业＋金融"合作模式。

4. 加强能源产能合作

中国愿与各国开展能源装备和工程建设合作，共同提高能源全产业链发展水平，实现互惠互利。开展能源领域高端关键技术和装备联合研发，共同推动能源科技创新发展。深化能源各领域的标准化互利合作。

5. 加强能源基础设施互联互通

不断完善和扩大油气互联通道规模，共同维护油气管道安全。推进跨境电力联网工程建设，积极开展区域电网升级改造合作，探讨建立区域电力市场，不断提升电力贸易水平。

6. 推动人人享有可持续能源

落实 2030 年可持续发展议程和气候变化《巴黎协定》，推动实现各国人人能够享有负担得起、可靠和可持续的现代能源服务，促进各国清洁能源投资和开发利用，积极开展能效领域的国际合作。

7. 完善全球能源治理结构

以"一带一路"能源合作为基础，凝聚各国力量，共同构建绿色低碳的全球能源治理格局，推动全球绿色发展合作。

（二）中国积极行动

中国将依托多双边能源合作机制，促进"一带一路"能源合作向更深更广发展。

建立完善双边联合工作机制，研究共同推进能源合作的实施方案、行动路线图。充分发挥双边能源合作机制的作用，协调推动能源合作项目实施。

积极参与联合国、二十国集团、亚太经合组织、上海合作组织、金砖国家、澜沧江—湄公河合作、大湄公河次区域合作、中亚区域经济合作、中国—东盟、东盟与中日韩、东亚峰会、亚洲合作对话、中国—中东欧国家合作、中国—阿盟、中国—海合会等多边框架下的能源合作。

继续加强与国际能源署、石油输出国组织、国际能源论坛、国际可再生能源署、能源宪章、世界能源理事会等能源国际组织的合作。

积极实施中国—东盟清洁能源能力建设计划，推动中国—阿盟清洁能源中心和中国—中东欧能源项目对话与合作中心建设。继续发挥国际能源变革论坛、东亚峰会清洁能源论坛等平台的建设性作用。

共建"一带一路"能源合作俱乐部，为更多国家和地区参与"一带一路"能源合作提供平台，增进理解、凝聚共识。扩大各国间能源智库的合作与交流，推动各国间人才交流和信息共享。

（三）共创美好未来

推动"一带一路"能源合作是中国的倡议，也是各国的利益所在。站在新的起点上，中国愿与各国携手推动更大范围、更高水平、更深层次的能源合作，并欢迎各国和国际、地区组织积极参与。

中国愿与各国一道，共同确定一批能够照顾各方利益的项目，对条件成熟的项目抓紧启动实施，争取早日开花结果。

"一带一路"能源合作是互尊互信、合作共赢之路。只要各国携起手来，精诚合作，就一定能够建成开放包容、普惠共享的能源利益共同体、责任共同体和命运共同体。

三、"一带一路"能源合作伙伴关系合作原则与务实行动[①]

在第二届"一带一路"国际合作高峰论坛上，全体成员国协商同意发布《"一带一路"能源合作伙伴关系合作原则与务实行动》，提出："一带一路"能源合作伙伴关系，是各参与国为解决能源发展面临的问题，

---

① 国家能源局：《"一带一路"能源合作伙伴关系合作原则与务实行动》。

更好地保护生态环境，应对气候变化，保障能源安全，促进可持续发展，建立的国际能源合作平台。"一带一路"能源合作伙伴关系的宗旨是坚持共商、共建、共享，推动能源互利合作，促进各参与国在能源领域的共同发展、共同繁荣。

（一）目标

秉承开放包容、互利共赢的原则，推动国际能源务实合作，包括：

1. 增进各国能源发展政策和规划的交流和协作，共同为推进务实合作提供政策支持。

2. 加强基础设施互联互通，提升能源资源贸易便利化水平，推动形成开放、稳定的全球能源市场。

3. 加强能源投资和产能合作，减少投资壁垒，改善投资环境，降低融资成本，提高各国能源全产业链发展水平。

4. 加强能源科技创新合作，在保护知识产权的同时，推动技术创新成果的共享。

5. 促进各国在清洁能源、能效领域的合作，以应对气候变化，推动实现人人能够享有负担得起、可靠和可持续的现代能源服务。

6. 加强能力建设和人才培训的合作，推动知识、技能和经验的分享。

（二）合作原则

在协商对话、共建共享、互利共赢、交流互鉴的基础上，本着以下原则加强合作：

1. 开放包容

面向所有相关方开放，各国政府、企业、金融机构、智库及国际、地区组织均可参与。伙伴关系认可并尊重参与国各自的国际承诺，并尊重其自主选择能源发展道路的权利。

2. 互利共赢

兼顾各方利益关切和合作意愿，积极推动双边、三方、区域和多边等多种形式的能源合作。

3. 市场运作

充分认识市场的重要作用和企业的主体地位，遵守相关国际法和所在国法律法规与市场规则，遵循商业原则、国际惯例开展能源合作。

4. 能源安全

尊重各国在能源安全方面的核心利益和关切，高度关注国际能源输送通道和跨境能源项目的安全。

5. 可持续发展

高度重视能源发展中的环境保护和能源效率问题，积极推进清洁能源开发利用。

6. 社会责任

在尊重知识产权的同时，鼓励技术转让与当地人员培训，带动地方经济社会发展。

（三）务实行动

1. "一带一路"能源部长会议

每两年举办一次"一带一路"能源部长会议，邀请各国能源部长、国际组织负责人以及商业领袖参加，共商国际能源合作的路线图和务实行动。

2. 人员培训与能力建设

按照需要开展各级人员培训及能力建设项目，包括：

（1）"一带一路"能源合作部长研修班。邀请各国能源部长及高级官员参加，为各国能源高官学习和研究全球能源发展最新趋势搭建平台。课程内容也可包括主题论坛、圆桌讨论及实地考察项目。

（2）"一带一路"能源合作领军人才培养项目。邀请各成员国从事能源政策研究、专业技术和经营管理工作的人员参加，旨在增进各成员国能源领域人才的全方位储备。

3. 政府间政策交流与合作意向沟通

根据各成员国需求，组织开展各类活动，推动政府间政策交流与合作意向沟通。立足各国能源资源条件和能源需求，对接各国能源发展规划和能源政策，增进各国能源行业的优势互补，推动各国企业开展更加富有成效的合作，共同提升各国的能源保障能力和能源普遍服务水平。

4. 搭建双、多边项目合作与技术交流平台

本着互惠互利、公平公正、透明公开、商业运作、利于推广、多方合作的原则，搭建双、多边项目合作与技术交流平台，重点在可再生能源、智慧能源系统、化石燃料清洁化利用以及分布式能源等领域，推动项目务实合作，促进先进能源技术和新兴业态的传播，并重视为各国创新型中小企业的发展创造更多机会。

5. 联络其他国际组织

根据工作需要与相关国际组织建立适当的合作关系。

第三节
"一带一路"倡议：进展与前景

共建"一带一路"倡议着眼于构建人类命运共同体，坚持共商共建共享原则，为推动全球治理体系变革和经济全球化作出了中国贡献。7年来，共建"一带一路"倡议得到了越来越多国家和国际组织的积极响应，受到国际社会的广泛关注，影响力日益扩大。

一、进展与展望

2019年4月，推进"一带一路"建设工作领导小组办公室发表报告《共建"一带一路"倡议：进展、贡献与展望》。报告认为：2013年以来，共建"一带一路"倡议以政策沟通、设施联通、贸易畅通、资金融通和民心相通为主要内容扎实推进，取得明显成效，一批具有标志性的早期成果开始显现，参与各国得到了实实在在的好处，对共建"一带一路"的认同感和参与度不断增强。

（一）进展

1. 政策沟通

政策沟通是共建"一带一路"的重要保障，是形成携手共建行动的重要先导。中国与有关国家和国际组织充分沟通协调，形成了共建"一带一路"的广泛国际合作共识。

截至 2019 年 3 月，中国政府已与 125 个国家和 29 个国际组织签署了 173 份合作文件。共建"一带一路"倡议及其核心理念已被纳入联合国、二十国集团、亚太经合组织、上合组织等重要国际机制成果文件。

2. 设施联通

设施联通是共建"一带一路"的优先方向。在尊重相关国家主权和安全关切的基础上，由各国共同努力，以铁路、公路、航运、航空、管道、空间综合信息网络等为核心的全方位、多层次、复合型基础设施网络正在加快形成，区域间商品、资金、信息、技术等交易成本大大降低，有效促进了跨区域资源要素的有序流动和优化配置，实现了互利合作、共赢发展。

国际经济合作走廊和通道建设取得明显进展。新亚欧大陆桥、中蒙俄、中国—中亚—西亚、中国—中南半岛、中巴和孟中印缅等六大国际经济合作走廊将亚洲经济圈与欧洲经济圈联系在一起，为建立和加强各国互联互通伙伴关系，构建高效畅通的亚欧大市场发挥了重要作用。

3. 贸易畅通

贸易畅通是共建"一带一路"的重要内容。共建"一带一路"促进了沿线国家和地区贸易投资自由化便利化，降低了交易成本和营商成本，释放了发展潜力，进一步提升了各国参与经济全球化的广度和深度。

2013—2019 年，中国与沿线国家货物贸易进出口总额累计超过 7.8 万亿美元，年均增长率高于同期中国对外贸易增速，占中国货物贸易总

额的比重达到 29.4%。世界银行研究组分析了共建"一带一路"倡议对
71 个潜在参与国的贸易影响，发现共建"一带一路"倡议将使参与国之
间的贸易往来增加 4.1%。

4. 资金融通

资金融通是共建"一带一路"的重要支撑。国际多边金融机构以及
各类商业银行不断探索创新投融资模式，积极拓宽多样化融资渠道，为
共建"一带一路"提供稳定、透明、高质量的资金支持。

中国积极推动各类主体在境内外募资设立对外投融资机构、基金，
成为"一带一路"资金融通的重要平台。2015 年 12 月，中国倡议筹建
的亚洲基础设施投资银行成立，截至 2019 年 7 月，成员数达到 100 个，
已在 18 个成员国开展 45 个项目，共计批准贷款 85 亿美元。成立于

巴基斯坦卡西姆港燃煤电站建成后年均发电量约 90 亿千瓦时，可满足当地 400 万户家庭用电需求。
图为卡西姆港燃煤电站工人监测仪器数据。

2014 年底的丝路基金，截至 2019 年 11 月已签约 34 个项目，承诺投资金额约 123 亿美元。

在中方的倡议和推动下，2017 年 5 月份，中国财政部与阿根廷、白俄罗斯、俄罗斯等 26 国财政部共同核准了《"一带一路"融资指导原则》。根据这一指导原则，各国支持金融资源服务于相关国家和地区的实体经济发展，重点加大对基础设施互联互通、贸易投资、产能合作等领域的融资支持力度。

金融机构合作水平不断提升。目前已有 11 家中资银行在 28 个沿线国家设立 76 家一级机构，来自 22 个沿线国家的 50 家银行在中国设立 7 家法人银行、19 家外国银行分行和 34 家代表处。

5. 民心相通

民心相通是共建"一带一路"的人文基础。享受和平、安宁、富足，过上更加美好生活，是各国人民的共同梦想。各国开展了形式多样、领域广泛的公共外交和文化交流，增进了相互理解和认同，为共建"一带一路"奠定了坚实的民意基础。

6. 产业合作

共建"一带一路"支持开展多元化投资，鼓励进行第三方市场合作，推动形成普惠发展、共享发展的产业链、供应链、服务链、价值链，为沿线国家加快发展提供新的动能。

中国对沿线国家的直接投资平稳增长。2013—2019 年，中国企业对沿线国家直接投资超过 1100 亿美元，新签承包工程合同额接近 8000 亿美元。世界银行研究表明，预计沿线国家的外商直接投资总额将增加 4.97%，其中，来自沿线国家内部的外商直接投资增加 4.36%，来自经济合作与发展组织国家的外商直接投资增加 4.63%，来自非沿线国家的外商直接投资增加 5.75%。

国际产能合作和第三方市场合作稳步推进。目前中国已同哈萨克斯坦、埃及、埃塞俄比亚、巴西等40多个国家签署了产能合作文件，同东盟、非盟、拉美和加勒比国家共同体等区域组织进行合作对接，开展机制化产能合作。中国与法国、意大利、西班牙、日本、葡萄牙等国签署了第三方市场合作文件。

合作园区蓬勃发展。中国各类企业遵循市场化、法治化原则，自主赴沿线国家共建合作园区，推动这些国家借鉴中国改革开放以来通过各类开发区、工业园区实现经济增长的经验和做法，促进当地经济发展，为沿线国家创造了新的税收源和就业渠道。

（二）贡献

共建"一带一路"顺应了人类追求美好未来的共同愿望。国际社会越来越认同共建"一带一路"倡议所主张的构建人类命运共同体的理念，构建人类命运共同体符合当代世界经济发展需要和人类文明进步的大方向。共建"一带一路"倡议正成为构建人类命运共同体的重要实践平台。

——源自中国更属于世界。共建"一带一路"跨越不同地域、不同发展阶段、不同文明，是一个开放包容的平台，是各方共同打造的全球公共产品。共建"一带一路"目标指向人类共同的未来，坚持最大限度的非竞争性与非排他性，顺应了国际社会对全球治理体系公正性、平等性、开放性、包容性的追求，是中国为当今世界提供的重要公共产品。联合国秘书长古特雷斯指出，共建"一带一路"倡议与联合国新千年计划宏观目标相同，都是向世界提供的公共产品。共建"一带一路"不仅会促进贸易往来和人员交流，还会增进各国之间的了解，减少文化障碍，最终实现和平、和谐与繁荣。

中国电力建设集团有限公司山东电建在摩洛哥建设努奥光热电站项目二期和三期工程，建成后将为超过 100 万摩洛哥家庭提供清洁能源，还可以把富余电能出口欧洲。

——为全球治理体系变革提供了中国方案。当今世界面临增长动能不足、治理体系滞后和发展失衡等挑战。共建"一带一路"体现开放包容、共同发展的鲜明导向，超越社会制度和文化差异，尊重文明多样性，坚持多元文化共存，强调不同经济发展水平国家的优势互补和互利共赢，着力改善发展条件、创造发展机会、增强发展动力、共享发展成果，推动实现全球治理、全球安全、全球发展联动，致力于解决长期以来单一治理成效不彰的困扰。

——把沿线国家的前途和命运紧紧联系在一起。人类只有一个地球，各国共处一个世界。为了应对人类共同面临的各种挑战，追求世界和平繁荣发展的美好未来，世界各国应风雨同舟，荣辱与共，构建持久和平、普遍安全、共同繁荣、开放包容、清洁美丽的世界。人类命运共同体理念融入了利益共生、情感共鸣、价值共识、责任共担、发展共赢等内涵。共建"一带一路"主张守望相助、讲平等、重感情，坚持求同存异、包容互谅、沟通对话、平等交往，把别人的发展看成自己的机遇，推进中国同沿线各国乃至世界发展机遇相结合，实现发展成果惠及合作双方、各方。中国在40多年改革开放中积累了很多可资借鉴的经验，中国无意输出意识形态和发展模式，但中国愿意通过共建"一带一路"与其他国家分享自己的发展经验，与沿线国家共建美好未来。

（三）展望

当今世界正处于大发展大变革大调整时期，和平、发展、合作仍是时代潮流。展望未来，共建"一带一路"既面临诸多问题和挑战，更充满前所未有的机遇和发展前景。这是一项事关多方的倡议，需要同心协力；这是一项事关未来的倡议，需要不懈努力；这是一项福泽人类的倡议，需要精心呵护。我们相信，随着时间的推移和各方共同努力，共建"一带一路"一定会走深走实，行稳致远，成为和平之路、繁荣之路、开放之路、绿色之路、创新之路、文明之路、廉洁之路，推动经济全球化朝着更加开放、包容、普惠、平衡、共赢的方向发展。

世界潮流浩浩荡荡。共建"一带一路"倡议顺应历史大潮，所体现的价值观和发展观符合全球构建人类命运共同体的内在要求，也符合沿线国家人民渴望共享发展机遇、创造美好生活的强烈愿望和热切期待。共建"一带一路"将久久为功，向高质量高标准高水平发展，为建设一个持久和平、普遍安全、共同繁荣、开放包容、清洁美丽的世界，最终实现构建人类命运共同体的美好愿景作出更大贡献。

二、共建"一带一路"能源合作成果丰富[①]

能源合作是"一带一路"建设的重点领域之一。在中国与"一带一路"沿线国家的共同努力下，能源合作领域不断拓展、规模不断扩大、质量不断提升，"一带一路"已成为各方开展能源合作新的重要平台，为各方共同发展注入源源不断的动力。

2013—2018年，中国先后与有关国家新建双边能源合作机制24项，占到现有双边合作机制总数的近一半；签署能源领域合作文件100余份，合作步伐显著加快；中国新建和新加入多边合作机制10项；与俄罗斯、巴基斯坦、蒙古国等开展能源领域联合规划研究，对接彼此发展需求，挖掘合作潜力。2019年4月，"一带一路"能源合作伙伴关系正式成立，成员国总数达到30个。伙伴关系将秉承共商、共建、共享的原则，以推动能源互利合作为宗旨，助力各国共同解决能源发展面临的问题，实现共同发展、共同繁荣。

7年来，中国与中亚、中东、非洲、美洲等地区的油气合作不断深化；与俄罗斯、蒙古国、老挝、越南、缅甸等国家实现电力互联互通；一批有影响力的标志性项目顺利落地，能源投资、技术、装备和服务合作水平不断提高。

中国深入推进能源资源合作，不断改善有关国家能源基础设施水平，提高当地能源可及性，大力开展新能源领域国际产能合作，助力有关国家构建绿色低碳、清洁高效的现代能源体系，带动各国经济社会发展。

---

① 本节参考了刘羊旸：《带给各方看得见、摸得着的实惠——"一带一路"能源合作成效显著》，新华网2018年8月26日，http://www.xinhuanet.com/2018-08/26/c_1123329712.htm；王怡、朱怡：《"一带一路"能源合作成果丰硕》，中国电力新闻网2019年5月20日，http://www.cpnn.com.cn/cpnn_zt/zbhy/xgbd/201905/t20190520_1134024.htm。

　　中国能源企业积极履行海外社会责任，为项目所在国兴建学校、医院、道路，同时积极融入本土产业链，加强本地员工培训，为所在国贡献了大量税收和就业岗位。以中石油为例，2013—2018 年，其海外业务在"一带一路"地区企业社会责任履行上累计投入超过 3 亿美元，带动当地就业超过 10 万人，石油合作项目惠及当地人口超过 300 万人，员工本地化率已超过 85%，为当地培养了数万名石油工业技术和管理人才。同时，中国企业高度重视项目建设、运营过程中的环境保护问题，积极推进清洁能源开发利用，严格控制污染物及温室气体排放，保护各国人民的绿水青山。

　　2017 年 7 月，中巴经济走廊首个重大能源项目——华能巴基斯坦萨希瓦尔燃煤电站竣工投产，年发电量将达 90 亿千瓦时，可有效缓解当地能源短缺状况。它不仅是巴基斯坦最大、最先进的火力发电厂，也是

2017 年 11 月 20 日，丝路基金与通用电气在北京签署"成立能源基础设施联合投资平台合作协议"，共同投资包括"一带一路"国家和地区在内的电力电网、新能源、油气等领域基础设施项目。

各项排放指标最低的绿色环保型电厂。

2018年7月，亚马尔液化天然气项目向中国供应的首船液化天然气（LNG），经北极东北航道顺利运抵中石油旗下的江苏如东接收站。亚马尔项目是"一带一路"倡议提出后在俄罗斯实施的首个特大型能源合作项目，在带动俄罗斯能源产业发展的同时，也将丰富中国清洁能源供应，加快推进中国能源结构优化。

中国电建采用中国规范、技术标准设计建造的厄瓜多尔辛克雷水电站竣工移交，经受住了7.8级大地震考验，在南美树立起了"中国标准"；计划于2020年竣工的中国—中亚天然气管道D线，是继中国—中亚天然气管道A/B/C线之后的又一条连通中亚与中国的能源大动脉，建成后中亚天然气管道输气总能力提高到每年850亿立方米，成为中亚地区规模最大的输气系统；中缅原油管道工程带动了缅甸石油化工产业和经济社会发展，成为"孟中印缅经济走廊"和中国与东盟国家开展互联互通基础设施建设的重要标志；中国企业投资入股菲律宾国家电网公司后，电网绩效指标不断提升，供电质量显著提高，得到了当地政府和民众的高度赞誉……

"一带一路"倡议下，一个个掷地有声的能源合作项目，不仅增强了中国开放条件下能源安全保障能力，更带动了"一带一路"沿线国家的资源开发与能源建设，为世界经济复苏和可持续发展增添了动力。

第四节
全球能源互联网倡议

2015 年 9 月 26 日，中国国家主席习近平在联合国发展峰会上发表重要讲话，倡议探讨构建全球能源互联网，推动以清洁和绿色方式满足全球电力需求。

全球能源互联网是以特高压电网为骨干网架、全球互联的坚强智能电网，是清洁能源在全球范围大规模开发、输送、使用的基础平台。构建全球能源互联网，加快实施"两个替代"（清洁替代和电能替代）、"一个回归"（化石能源回归其基本属性，主要作为工业原材料使用）、"一个提高"（提高电气化水平），是促进能源与经济、社会、环境协调可持续发展的必由之路，将深刻改变世界能源发展格局。

2016 年 3 月，中国国家电网公司发起成立了全球能源互联网发展合作组织（以下简称"合作组织"），以"推动构建全球能源互联网，以清洁和绿色方式满足全球电力需求"为宗旨，以"促进清洁发展，建设和谐世界"为使命，加快建设具有全球话语权、影响力和行动力的一流国际组织，打造共商、共建、共享、共赢的合作平台，推动实现全球能源互联和可持续发展目标。合作组织会员 260 多家，来自五大洲 22 个国家和地区，涵盖能源、电力、信息、环保、科研、咨询和金融等领域。

构建全球能源互联网是解决资源紧缺、环境污染、气候变化、发展不均衡等问题的全球方案，实质就是打造能源共同体，建设人类命运共同体。这一倡议得到联合国等有关各方大力支持。

全球能源互联网发展合作组织自成立以来，在理念传播、重大问题研究、国际合作、项目实施等方面取得了丰硕的成果。

一、基本框架

（一）战略体系

坚持绿色、开放、创新、可持续发展理念，以国际合作为基础，实施"两个替代、一个回归、一个提高"，构建全球能源互联网，形成以清洁能源为主导、电为中心、全球配置的能源发展新格局，打造能源共同体，促进人类命运共同体建设。

两个替代：能源开发实施清洁替代，以太阳能、风能、水能等清洁能源替代化石能源；能源消费实施电能替代，以电代煤、以电代油、以电代气、电从远方来，来的是清洁发电，根本解决对化石能源的依赖以及碳排放等世界难题。

一个回归：化石能源回归其基本属性，主要作为工业原材料使用，为经济社会发展创造更大价值。

一个提高：提高电气化水平，增大电能在能源消费中的比重，在保障用能需求的前提下降低能源消费量。

全球能源互联网是以特高压电网为骨干网架、全球互联的坚强智能电网，是清洁能源在全球范围大规模开发、输送、使用的基础平台，实质就是"智能电网＋特高压电网＋清洁能源"。智能电网是基础，特高压电网是关键，清洁能源是根本。

（二）发展路线图

构建全球能源互联网的进程，总体可分为国内互联、洲内互联和洲际互联三个阶段。在清洁能源资源富集、电网基础条件较好的地区，可率先实现清洁能源大规模开发和跨国跨洲联网。到 21 世纪中叶，基本建成全球能源互联网。

图 5.1 全球能源互联网发展路线图

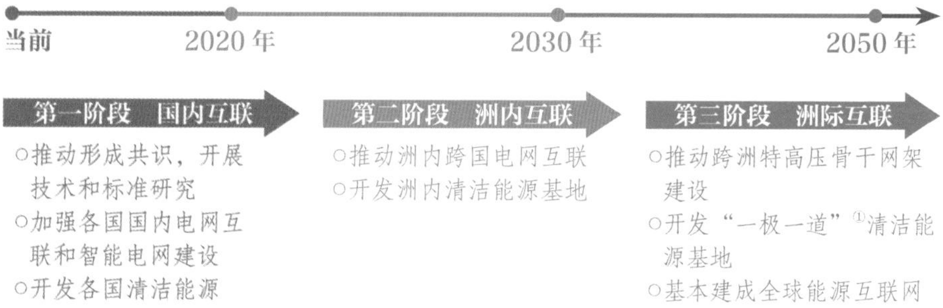

当前　　2020 年　　　　　2030 年　　　　　2050 年

第一阶段　国内互联
○推动形成共识，开展技术和标准研究
○加强各国国内电网互联和智能电网建设
○开发各国清洁能源

第二阶段　洲内互联
○推动洲内跨国电网互联
○开发洲内清洁能源基地

第三阶段　洲际互联
○推动跨洲特高压骨干网架建设
○开发"一极一道"①清洁能源基地
○基本建成全球能源互联网

① "一极"指北极圈及其周边地区，"一道"指赤道及其附近地区。

资料来源：全球能源互联网发展合作组织，http://www.geidco.org。

二、总体格局与实施路径

（一）总体格局

加快建设跨国跨洲电力大通道，形成"九横九纵"全球能源互联网骨干网架，打造覆盖五大洲的"能源大动脉"。

洲内强化各国骨干网架和全国联网，加强跨国跨区电网互联，提高电网安全承载能力和大范围配置资源能力，促进各洲清洁能源优化开发利用，形成亚洲、欧洲、非洲、美洲能源互联网。洲际构建各大洲之间的陆地和跨海电力输送大通道，率先实现亚洲—欧洲—非洲互联，加快推进亚洲—美洲、亚洲—大洋洲、欧洲—美洲互联，构建洲内紧密融合、洲际高效互联、清洁绿色发展的全球电力系统，促进全球不同季节、不同时段、不同类型能源互补互济，获得巨大联网效益，形成网架坚强、高度智能、开放互动的全球能源配置平台。

（二）阶段目标

根据全球能源互联网发展合作组织的规划，构建全球能源互联网，总体可分为国内互联、洲内互联、洲际互联三个阶段，2050年基本建成。

2020年：突破清洁能源发电、海底电缆、大容量储能等关键技术；完成跨国跨洲电网互联规划；开发一批距离负荷地区较近的优质清洁能源基地，加快分布式光伏开发。无电人口数量减少至9.7亿人。加强各国国内互联和智能电网建设，电网可靠性、智能化水平大幅提升。

2030年：开发各洲洲内的大型清洁能源基地；建成各国能源互联网，推动洲内主要国家电网实现互联，建设亚非欧、南北美重点跨洲输电通道，区域性能源互联网基本形成。清洁能源占一次能源消费的比重提升至35%，能源相关二氧化碳排放量降至267亿吨，相比2014年减少17%；全球无电人口下降至5亿人以下；加速电能替代进程；各项关键技术全面实现商业应用。

2050年：建成主要洲际联网通道，各洲电网实现互联互通，形成各国电网相互连接、各层级协调发展的全球电网。届时，全球75%的能源消费为清洁能源，二氧化碳排放量降至115亿吨左右，为1990年的一半；30%以上的电能实现跨国跨洲贸易。

图5.2展示了全球能源互联网关键指标到2050年的发展路线，包括清洁能源占一次能源消费的比重，清洁能源发电量占总发电量的比重，

图 5.2 全球能源互联网发展时间表

近期目标 现在—2020 年	○重点开发一批距离负荷地区较近的优质清洁能源基地； ○加强各国国内电网互联和智能电网建设，大幅提高各国电网的资源配置能力、智能化水平和清洁能源比重； ○规划建设一批重点电网互联工程，形成典型示范； ○清洁能源发电、跨海输电、大规模储能等一批关键技术和装备实现突破； ○启动"一极一道"清洁能源基地开发的前期研究。
中期目标 2020—2030 年	○大规模开发各洲清洁能源资源，全球清洁能源占一次能源比重超过 1/3； ○清洁能源发电量占总发电量比重达到 50% 左右，电能占终端能源消费比重达到 25% 左右； ○研究推动亚欧非、南北美等重点跨洲输电通道建设； ○启动"一极一道"清洁能源基地开发。
远期目标 2050 年	○全球清洁能源占一次能源比重达到 80% 以上，实现清洁、可持续发展目标； ○清洁能源发电量占总发电量比重达到 90% 左右，电能占终端能源消费比重达到 50% 左右； ○各国各洲电网实现互联互通，清洁能源实现全球配置和高效利用，基本建成全球能源互联网。

资料来源：全球能源互联网发展合作组织，http://www.geidco.org。

电能占终端能源消费的比重，跨国电力贸易占用电量的比重，能源相关二氧化碳排放量，无电人口数量。

三、以全球能源互联网落实"2030 议程"

联合国 2030 年可持续发展议程提出了 17 个可持续发展目标，涉及经济、社会、环境等多个方面。根据全球能源互联网发展合作组织《全球能源互联网落实联合国 2030 年可持续发展议程行动计划》（2017 年

11月发布），构建全球能源互联网将加速能源变革，有助于实现可持续、包容和持久的经济增长，有助于实现"2030议程"提出的人类、地球、繁荣、和平等发展目标，将为促进人类可持续发展起到全局性作用，推动"2030议程"目标全面实现。

1. 让人人享有可持续能源

构建全球能源互联网将促进全球清洁能源加速开发，清洁发电容量、效率、经济性将快速提升。预计2030年全球清洁能源装机达到53亿千瓦左右，为2014年的2.5倍；无电人口减少至5亿人以下，供电普及率提升至94%以上，相比2014年上升近9个百分点，基本实现人人获得负担得起的、可靠的现代能源服务；清洁能源在一次能源消费中的比重可提升至35%，较2015年上升16个百分点，比正常发展情景下高出10个百分点；单位产值能耗指标降低至0.14吨标准油/1000美元GDP（2010年美元不变价）左右，全球能效改善率提高1倍，达到"2030议程"制定目标；各国国内和跨国跨洲电网基础设施加快建设和升级改造，特别是农村地区配电网建设加快推进，为保障"人人享有可持续能源"提供坚强、智能的电网支撑。

2. 有效减少温室气体排放

根据各国自主贡献计划，2030年温室气体排放合计将达到550亿吨，大大超出《巴黎协定》提出的400亿吨的目标。依托全球能源互联网，全球能源相关二氧化碳排放量将在2030年前达峰；到2030年，全球能源消费产生的二氧化碳排放量约267亿吨，较2014年下降17%；加上一氧化二氮、氟利昂、甲烷等其他温室气体排放，总的温室气体排放量控制在400亿吨左右，能够完成《巴黎协定》减排目标，并为在21世纪下半叶实现全球温室气体净零排放、全球地表平均温升控制在2℃以内目标奠定重要基础。

3. 实现可持续生产与消费

建设全球能源互联网，将带来能源生产消费模式变革，促进世界各国在绿色能源等领域深入交流，推动绿色、低碳、可持续发展理念深入人心。大力发展清洁能源，提升能源生产、配置、使用各环节效率，控制能源总量，实现经济增长与环境退化脱钩，实现人与自然协调发展。到 2030 年，清洁能源每年可替代 56 亿吨标准油的化石能源，相当于 2014 年化石能源消费的一半，电能占终端能源消费比重增长至 33%，大幅减少化石能源产生的残渣、废气等污染物，减少能源消费增长对环境的影响。推动清洁能源竞争力的不断提升，引导相关国家政府逐步取消低效化石能源补贴，建立碳交易等机制，合理引导化石能源消费，实现自然资源的可持续管理和高效利用。全球能源互联网建设将有力增进各国技术创新合作，促进发展中国家能源电力技术进步，建立更可持续的生产和消费模式。

4. 建立清洁、低碳及智慧城市

建设全球能源互联网，能够改变城市的能源使用方式。一方面，加快清洁替代，以远距离输电代替本地化石能源发电，电从远方来，来的是清洁发电；同时，还能促进城市分布式清洁能源的发展，实现清洁能源供应多样化。另一方面，加快电能替代，在工业、城市交通等领域使用清洁的电能，减少化石能源直接燃烧，有效控制城市的大气污染、废物污染、水污染等。以中国为例，通过建设能源互联网，2025 年在大城市集中的东中部地区，每年可替代原煤 4.8 亿吨，减排二氧化碳 9.5 亿吨、二氧化硫 164 万吨，PM2.5 排放总量降低 20%。建设全球能源互联网，还将加快城市智能电网建设，实现多能互补、综合利用，促进形成智慧城市。

5. 推动基础设施建设、工业化和技术创新

全球能源互联网聚焦大规模开发清洁能源，建设全球互联互通的现

代电网，将极大推动基础设施建设，带动工业化和技术创新。全球能源互联网促进各国对已有电力基础设施的升级和改造，使系统更灵活、更智能，大幅提升电网发、输、配、用各环节的效率。2030 年全球 220 千伏及以上高压输电线路长度相比 2015 年翻一番，达到 530 万千米，其中跨国输电线路长度超过 40 万千米，提高电网抵御灾害能力，大幅提升电网可靠性和运行效率。各国电力工业带动上下游产业加速发展，推动工业化进程。2030 年，电力工业在全球 GDP 中的比重达 2.4%，远超出 2014 年的 0.9%。同时，构建全球能源互联网还将带动电力、信息、控制等多个领域技术进步。

6. 激发经济增长新动能

建设全球能源互联网，投资规模巨大，蕴含巨大商业价值。2015—2030 年电力行业总投资 24 万亿美元，年均增速达 10%，直接拉动 GDP 增长 0.1~0.2 个百分点（假设世界经济年均增速 3% 左右），并能新增约 5000 万个就业岗位。同时，全球能源互联网能够带动材料、信息、电动汽车等上下游产业加速发展，创造更巨大的经济效益，成为推动世界经济复苏的新引擎。构建全球能源互联网能够降低能源供应成本，破除能源资源对经济发展的瓶颈约束，促进投资、金融、生产、技术、信息、商品、服务以及人力资本等全球化，推动世界经济发展方式转型升级。

7. 消减全球贫困

借助全球能源互联网，人人享有可持续能源目标能够尽早实现，大幅减少无电人口，保障贫困者获得学习、工作和经营的机会，尽快脱离贫困。通过保障贫困人群用电，确保其能够抵御一定的自然灾害，比如利用各种电制冷、电加热等工具抵御极端天气。亚洲、非洲、南美洲发展中国家可以通过电网，将其丰富的水、风、太阳能等清洁资源出售给发达国家，将资源优势转化为经济优势，增加不发达国家的经济收入。预计到 2030 年，全球跨国电力贸易总量将达到 8 万亿千瓦时，其中发展中国家将占电力出口的 70% 以上。

8. 减小国家及地区间发展不均衡

建设全球能源互联网，将加快对可再生能源资源丰富的最不发达国家能源投资，促进其与周边相对发达国家的能源互联，鼓励发达国家的能源相关援助行动，让不发达国家获得更大的发展机会。能够发挥发展中国家的资源禀赋优势，让其更加公平、有效地参与全球能源治理，获得更多参与、主导全球能源工业发展的机遇，提升话语权。全球能源互联网灵活接纳各品类分布式电源，通过发展分布式能源，制订商业模式、实施精准扶贫政策等倾斜措施，可为偏远地区的最贫困人口提供更多增加收入的渠道，保障其收入较快增长，缩小国内差距。以中国为例，通过建设能源互联网，到 2025 年，相对落后的西部、北部地区与相对发达的中东部地区间人均 GDP 基尼系数可降低 1 个百分点。建设全球能源互联网，各国依托资源优势或市场优势，可以更加公平、有效地参与全球能源治理。

9. 促进世界和平和谐

全球清洁能源十分丰富，理论开发潜力约为 100 万亿千瓦，仅开发万分之五就能满足全人类需求。建设全球能源互联网，将推动人类从化石能源竞争转向清洁能源共享与合作，打造共商、共建、共赢的能源共同体；由化石能源资源争夺引发的政治、军事、外交矛盾和冲突风险将得到有效控制，能源安全从个体安全转向集体安全，世界各国都将得到最大限度的能源安全保障；国家之间、人民之间的信任关系将得到大幅提升，国际争端、地区冲突将得到有效缓解，世界将向着和平、包容的方向迈进，全人类日益成为一个你中有我、我中有你的命运共同体，保障人类的永续生存，实现共同发展。

10. 巩固全球性合作关系

构建全球能源互联网，将推动建立全球性协调机制，促进各国政府、企业和国际组织紧密合作，确保各国政策、战略、规划能够有效对接；促进各利益相关方在投融资、技术、建设、交易、运行等各个方面，开展多种国际合作，结成牢固的伙伴关系。如：促进各国政府间科技、知识产权政策的协调；促进企业、科研机构、高校之间的研究合作，推动形成全球性技术创新合作体系；在联合国和世贸组织相关框架下，建立国际电力贸易新规则、新秩序、新平台。

11. 促进农业发展，保障粮食安全

全球能源互联网将带动电力基础设施大规模建设，特别是对农村地区电网的建设和升级改造，能够为农业生产提供充足、可靠的电力供应，提升农业生产能力，保障粮食安全。此外，全球能源互联网从根本上解决全球气候变化问题，减少恶性气候事件，将对农业生产产生积极的影响。

12. 保障医疗卫生服务，减少疾病和死亡

全球能源互联网能够带来充足的绿色能源，推动生产力发展，大幅降低由使用化石能源带来的空气污染、水污染、土壤污染等，减小对人体健康带来的影响，减少疾病和死亡，令人类拥有更洁净的空气、水和食物，更可靠的社会保障，享有更好的医疗卫生服务、更适宜的居住条件、更优美的自然环境。

13. 促进公平和包容的优质教育

构建全球能源互联网，能够让现代电力文明普及全人类，提供良好

的物质基础和教育资源，让更多的人享受公平教育；能够培育可持续发展理念，让更多的人掌握可持续发展所需要的知识和技能，建立可持续生活方式，提升全球公民意识。

14. 促进性别平等

产生性别歧视的根源在于不同性别在生理、体能等方面存在差异。全球能源互联网将带动众多产业的创新发展，具有显著的知识密集型、技术密集型特征，所创造的绝大部分工作岗位不再对就业者提出生理和体能方面的要求，女性将享受到和男性平等的就业机会和发展空间，从而极大解决女性就业问题。同时，女性通过就业将增加经济收入，显著提升在家庭和社会的地位，推动两性关系更为自由平等。

15. 保障饮用水和环境卫生

构建全球能源互联网将显著降低电力供应成本。在充足、便宜的电力支撑下，大量收集的雨水、人类排放的污水、充满盐分的海水都能被转化为清洁且价格低廉的淡水，解决干旱和沙漠地区缺水问题，大幅减少缺水人数，实现人人普遍、公平地获得安全和负担得起的饮用水，改善卫生环境，促进粮食生产。同时，构建全球能源互联网将大幅降低化石能源燃烧带来的水、空气和土壤污染，保护和恢复生态系统，促进生态文明建设。

16. 保护和可持续利用海洋和海洋资源

在沿海布置的化石能源和核电厂排出的热废水将造成海洋的热污染，破坏生态平衡和减少水中溶解氧。一个装机 100 万千瓦的火电厂，冷却水排放量约为 30~50 立方米 / 秒；装机相同的核电站，排水量较火电厂约增加 50%。随着大气中人为二氧化碳的剧增，更多的二氧化碳进入海洋。工业革命以来，海水 pH 值下降了 0.1，即海水的酸度已提高

30%。海水酸性的增加，改变了海水的化学平衡，使珊瑚礁等多种海洋生物乃至生态系统面临巨大威胁。建设全球能源互联网，大规模发展清洁能源，逐步替代现有的沿海火电厂和核电厂，可以减少能源行业对海洋的热污染，从根本上解决海洋酸化问题。

17. 保护陆地生态系统，防止土地退化

构建全球能源互联网，能够减少化石能源开采，防止对土地、水源的破坏；能够开发利用全球沙漠、戈壁地区的能源资源，减少当地居民对薪柴的需求，改善环境；能够起到防风固沙作用，促进植被的恢复与生长，改善生态环境。